企业高技能人才职业培训系列教材

智能楼宇管理师（城轨车站）（四级）

ZHINENGLOUYU GUANLISHI (CHENGGUI CHEZHAN)

主　　编　王晓刚

副 主 编　严如珏

编　　者　（按章节编写顺序排序）

杨玉娟　李　敏　严如珏　张　杰　胡酉炯　金智豪

主　　审　高国荣

中国劳动社会保障出版社

图书在版编目(CIP)数据

智能楼宇管理师. 城轨车站：四级/人力资源和社会保障部教材办公室等组织编写. —北京：中国劳动社会保障出版社，2017

企业高技能人才职业培训系列教材

ISBN 978-7-5167-2983-0

Ⅰ.①智… Ⅱ.①人… Ⅲ.①智能化建筑-管理-职业培训-教材②城市铁路-铁路车站-管理-职业培训-教材 Ⅳ.①TU855

中国版本图书馆 CIP 数据核字(2017)第 092907 号

中国劳动社会保障出版社出版发行

（北京市惠新东街 1 号　邮政编码：100029）

*

三河市华骏印务包装有限公司印刷装订　新华书店经销

787 毫米×1092 毫米　16 开本　10.5 印张　175 千字

2017 年 5 月第 1 版　2017 年 5 月第 1 次印刷

定价：25.00 元

读者服务部电话：（010）64929211/64921644/84626437

营销部电话：（010）64961894

出版社网址：http://www.class.com.cn

内容简介

本教材由人力资源和社会保障部教材办公室、中国就业培训技术指导中心上海分中心、上海市职业技能鉴定中心、上海申通地铁集团有限公司轨道交通培训中心依据智能楼宇管理师（城轨车站）（四级）职业技能鉴定细目组织编写。教材从强化培养操作技能，掌握实用技术的角度出发，较好地体现了当前最新的实用知识与操作技术，对于提高从业人员基本素质，掌握智能楼宇管理师（城轨车站）（四级）的核心知识与技能有直接的帮助和指导作用。

本教材既注重理论知识的掌握，又突出操作技能的培养，实现了培训教育与职业技能鉴定考核的有效对接，形成一套完整的智能楼宇管理师（城轨车站）培训体系。本教材内容共分为6章，主要包括：低压配电及照明系统、FAS与BAS系统、环控系统、给水排水系统、电梯系统、屏蔽门系统等。

本教材可作为智能楼宇管理师（城轨车站）（四级）职业技能培训与鉴定考核教材，也可供本职业从业人员培训使用，全国中、高等职业技术院校相关专业师生也可以参考使用。

企业技能人才是我国人才队伍的重要组成部分，是推动经济社会发展的重要力量。加强企业技能人才队伍建设，是增强企业核心竞争力、推动产业转型升级和提升企业创新能力的内在要求，是加快经济发展方式转变、促进产业结构调整的有效手段，是劳动者实现素质就业、稳定就业、体面就业的重要途径，也是深入实施人才强国战略和科教兴国战略、建设人力资源强国的重要内容。

国务院办公厅在《关于加强企业技能人才队伍建设的意见》中指出，当前和今后一个时期，企业技能人才队伍建设的主要任务是：充分发挥企业主体作用，健全企业职工培训制度，完善企业技能人才培养、评价和激励的政策措施，建设技能精湛、素质优良、结构合理的企业技能人才队伍，在企业中初步形成初级、中级、高级技能劳动者队伍梯次发展和比例结构基本合理的格局，使技能人才规模、结构、素质更好地满足产业结构优化升级和企业发展需求。

高技能人才是企业技术工人队伍的核心骨干和优秀代表，在加快产业优化升级、推动技术创新和科技成果转化等方面具有不可替代的重要作用。为促进高技能人才培训、评价、使用、激励等各项工作的开展，上海市人力资源和社会保障局在推进企业高技能人才培训资源优化配置、完善高技能人才考核评价体系等方面做了积极的探索和尝试，积累了丰富而宝贵的经验。企业高技能人才培养的主要目标是三级（高级）、二级（技师）、一级（高级技师）等，考虑到企业高技能人才培养的实际情况，除一部分在岗培养并已达到高技能人才水平外，还有较大一批人员需要从基础技能水平培养起。为此，上海市将企业特有职业的五级（初级）、四级（中级）作为高技能人才培养的基础阶段一并列入企业高技能人才培养评价工作的总体框架内，以此进一步加大企业高技能人才培养工作力度，提高企业高技能人才培养效果，更好地实现高技能人才培养的总体目标。

为配合上海市企业高技能人才培养评价工作的开展，人力资源和社会保障部教材办公室、中国就业培训技术指导中心上海分中心、上海市职业技能鉴定中心联合组织有关行业和企业的专家、技术人员，共同编写了企业高技能人才职业培训系列教材。

本教材是系列教材中的一种，由上海申通地铁集团有限公司轨道交通培训中心负责具体编写工作。

企业高技能人才职业培训系列教材聘请上海市相关行业和企业的专家参与教材编审工作，以“能力本位”为指导思想，以先进性、实用性、适用性为编写原则，内容涵盖该职业的职业功能、工作内容的技能要求和专业知识要求，并结合企业生产和技能人才培养的实际需求，充分反映了当前从事职业活动所需要的核心知识与技能。教材可为全国其他省、市、自治区开展企业高技能人才培养工作，以及相关职业培训和鉴定考核提供借鉴或参考。

新教材的编写是一项探索性工作，由于时间紧迫，不足之处在所难免，欢迎各使用单位及个人对教材提出宝贵意见和建议，以便教材修订时补充更正。

企业高技能人才职业培训系列教材
编审委员会

第1章　低压配电及照明系统

第2章　FAS与BAS系统

第5章 电梯系统

第6章 屏蔽门系统

第1章 低压配电及照明系统

学习目标

- ✔ 了解低压配电及照明系统的组成与功能。
- ✔ 了解低压配电系统及照明系统运行的基本要求。
- ✔ 了解低压配电设备的安装与调试。
- ✔ 了解 PLC 的检查与维护。

1.1 低压配电及照明系统的组成与功能

知识要求

1.1.1 车站照明系统

1. 车站照明系统组成

车站照明系统由供电部分、控制部分、负载部分组成。供电部分包括进线柜、进线电缆；控制部分有电气柜、开关柜、BAS 控制界面；负载部分由各种灯组成。电气柜内有接触器、断路器、隔离开关、导线等。车站照明系统供电走向如图 1—1 所示。

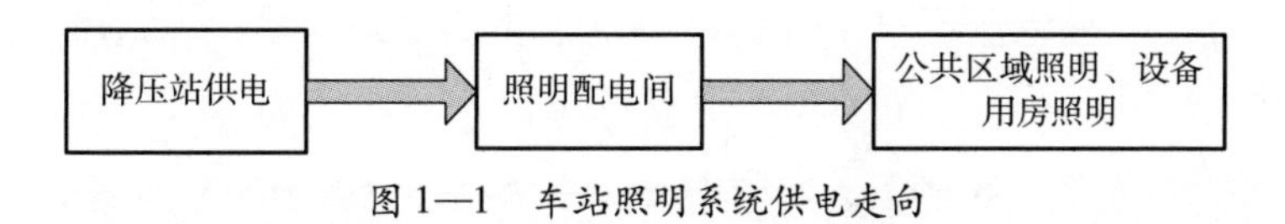

图 1—1 车站照明系统供电走向

车站照明系统大致包括车站、隧道和电缆层的一般照明、事故照明和广告照明。

2. 车站照明系统负荷分类

根据车站用电设备的重要性，车站用电负荷被分为三类，其中最重要的是 I 类负荷。根据车站照明负荷的重要性，事故照明属于一级负荷，广告照明属于三级负荷。

3. 车站照明系统一般照明的供电方式

各类照明配电控制箱被集中安装在照明配电室。车站一般照明通常在车站站台、站厅的两端各设置一个照明配电室。一般照明的总电源是从降压变电站的低压柜两段母线上各馈出的一路电源。

4. 车站照明系统事故照明与疏散诱导指示照明的供电方式

车站照明系统事故照明与疏散诱导指示照明由车站降压变电站的直流屏供电。

5. 车站照明系统广告照明的供电方式

车站广告照明电源由照明配电室的配电箱提供。

1.1.2 车站照明系统的控制方式

1. 就地级控制

车站照明系统的控制方式采取就地级控制。各设备及管理用房进门处、区间隧道入口处照明配电箱均设有就地开关箱/盒，可控制相应房间及区域的一般照明。

2. 照明配电室集中控制

车站照明配电室设有相应场所的照明配电箱，可在室内集中控制所有场所的一般照明、事故照明和广告照明。

3. 车控室集中控制

车控室集中控制就是指通过设在车控室的照明控制设备，实现对站台和站厅公共区域的一般照明、节电照明、广告照明的开关控制。

1.1.3 车站低压配电系统

1. 低压配电的组成

车站低压配电系统采用380 V三相五线制、220 V单相三线制方式为车站的多种机电设备进行供电。车站低压配电系统的供电范围包括车站的站台、站厅、设备用房和管理用房。

（1）车站、停车场、车辆段、控制中心、主变电站中现场动力照明配电控制设备，具体有各类水泵、FAS、BAS、AFC、电梯、动力照明等配电箱。

（2）车站和区间的照明灯具、插座等。

（3）环控电控室（含现场环控电控柜）中有进线配电柜、馈线柜、补偿柜、风阀柜、风机软启动柜、风机变频柜、水泵电源控制柜等。

（4）低压配电控制箱及环控电控柜的基本组成有断路器（低压断路器、开关小车）、漏电开关、低压熔断器、软启动器、变频器、母线、互感器、接触器、继电器、PLC、指示仪表等。

2. 车站Ⅰ类用电负荷及供电方式

Ⅰ类负荷采取双电源供电，如区间排水设备、环控设备、消防和喷淋设备、UPS电源、防灾报警设备等。

3. 车站Ⅱ类用电负荷及供电方式

Ⅱ类负荷是一路供电电源突然停电后另一路电源能自动切换替代，如车站照明设备、车站公共区域插座、出入口电梯等。

4. 车站Ⅲ类用电负荷及供电方式

Ⅲ类负荷采用单电源供电，如空调、冷水机组、维修电源等。

车站、停车场、车辆段、控制中心主要机电设备由降压站或环控电控室的MNS柜对应抽屉供电，并在设备现场设有就地控制箱。主要机电设备包括风机、制冷设备、各类排水泵、电动执行机构、电梯与卷帘门等。

车站、停车场、车辆段、控制中心、主变电站照明灯具及控制箱、区间照明灯具及控制箱、紧急疏散导向标志灯具及控制箱、站内外导向标志灯具及控制箱等由降压站的MNS柜对应抽屉供电。车站、区间隧道应急照明灯具及控制箱由降压站交直流电源柜供电。照明控制箱采用三相四线制交流供电，照明灯具采用单相220 V交流供电。应急照明灯具应适用于220 V交流供电和220 V直流供电。

1.1.4 车站低压配电系统的位置及作用

1. 环控电控柜的位置及作用

车站环控电控柜通常安装在环控电控室内，包括开关柜、控制柜和继电器柜，提供环控电控室直接供配配电设备所需的电源，实现环控设备的远程控制。

2. 环控设备就地控制箱的位置及作用

环控设备就地控制箱通常安装在车站各环控设备就地位置的附近。环控设备就地控制箱起到维修、调试各环控设备时的就地控制操作的作用。

3. 防淹门控制柜的位置及作用

车站防淹门控制柜一般安装在过江隧道两端防淹门控制室及车控室。

4. 雨水泵控制柜的位置及作用

车站雨水泵控制柜一般安装在隧道入口处，用于地下隧道入口处雨水泵运行的控制。

5. 废水泵、污水泵、集水泵控制柜的位置及作用

废水泵、污水泵、集水泵控制柜一般安装在设备附近，用于废水泵、污水泵和集

水泵的就地控制。废水泵控制柜安装在废水泵附件，污水泵控制柜安装在污水泵附近，集水泵控制柜安装在集水泵附近。

6. 区间隧道维修电源箱的位置及作用

区间隧道维修电源箱通常安装在隧道内，每隔一定距离就设置一台。区间隧道维修电源室提供隧道内设备维修作业时所需的电源。

7. 电源配电箱/切换箱的位置及作用

车站电源配电箱/切换箱一般安装在车站各动力用电设备附近或此设备专用的配电间，提供设备所需要电源。

8. 一般照明控制就地开关盒的位置及作用

车站一般照明控制就地开关盒一般安装在各设备及管理用房门口处。

9. 照明配电箱/控制盘的位置及作用

车站照明配电箱/控制盘实现了照明配电室集中控制和车控室集中控制操作。车站照明配电箱/控制盘用于控制相应场所的一般照明、节电照明、事故照明及广告照明等设备。

10. 事故照明电源装置的位置及作用

车站事故照明电源装置安装在车站站台的蓄电池室内。

1.2 低压配电及照明系统的运行管理

知识要求

1.2.1 运行管理的任务和内容

1. 低压配电和照明系统运行管理的任务

（1）故障应急处理。

（2）日常维修作业。

（3）巡视作业。

（4）计划维修作业。

（5）设备运行记录。

（6）备品备件采购。

2. 低压配电和照明系统运行管理的内容

（1）进入环控电控室内施工或维护作业的人员必须具备公司设施部及公司生产调

度出具的相关证明，并且进入施工或维护作业的人员需具有相关资质，相关外来人员进入环控电控室工作前，必须到车控室按相关要求进行登记，经车控室值班人员同意后，方可入室操作，并在机房内出入登记本上登记。

（2）未经允许不得有外来人员入内。

（3）进入环控电控室的人员须严格遵守相关设备维修操作规程，正确使用和维护机房内各类设备，严禁违章作业。进入环控电控室的设备维护人员作业时，必须穿戴必要的防护用品，并配备防护设施。

（4）进入环控电控室的人员在施工、维护作业完毕后，必须做好相关设备工作状态的确认，保证设备运行正常，并做到“工完料清，场地清”。环控电控室内严禁设备过载运行，以防止事故发生。

（5）环控电控室内各类移动电器具的使用须遵守相关使用管理规定，严禁违规操作；环控电控室内卫生由环控电控室内设备主体委外单位负责定期清扫，确保设备、地面、墙面和机房门体、门框无积灰、无污垢，结构及设备管道无渗漏，地面无积水，保持设备机房整洁；环控电控室内工器具、设备等维修物品应放置在规定区域。

（6）环控电控室内严禁吸烟，不得存放有害环境的物品。环控电控室内不得从事与工作无关的活动。

（7）值班人员交接规定。交接班制度是上下两班之间交接车站各设备运行情况，保证车站运行连续性的一项重要制度。交接班必须在交接人员到齐后共同进行，遇有接班人员未到时，交班人员应坚守工作岗位，迟到人员到站后应先办理交接班手续，然后将迟到原因记录在工作记录本中。

（8）低压配电设备交接使用要求。交班人员在交班前必须检查低压配电设备是否运行正常、设备是否完整无缺。交班人员在交班前必须核对本班低压配电设备的工作记录、巡回检查记录、设备缺陷处理情况、故障处理情况等。必要时对要交班的内容做书面提纲，以便在向接班人员口述时不会遗漏。交接班时由交班人员介绍本班低压配电设备运行情况及须交接的各项事宜，接班人员仔细听取介绍，然后交接班人员共同确认设备状态，双方确认无误后交接班才算结束。

（9）对于影响安全运行的重大设备缺陷、已检修变动过的设备，均须由交接班人员共同到现场进行交接，交班人员还须交代有关的临时措施和处理意见。交接班双方确认无遗留问题后，均应在值班交接记录本上做好交接班记录。交接班中如有疑问，必须双方明确后方可接班。交班者必须做到看清、查清、点清、讲清；接班者必须做到看清、查清、点清、听清、问清。

1.2.2 低压配电和照明系统管理的故障应急处理、巡视的注意事项

1. 巡视的一般要求

设备巡视人员检查运行设备上的断路器指示、开关、指示仪表、指示灯及开关按钮，新投入的设备每两小时巡视一次。

2. 就地控制箱、手操箱巡视要求

控制箱表面清洁；选择开关在规定的位置；指示灯正常，灯罩完整；电压表计、电流表计正常；检查设备应无异常声音和过热，无异常气味。

3. 插座巡视要求

插座面板完整、供电正常；电源开关漏电保护试验按钮测试正常。

4. 低压成套开关柜巡视要求

电压表、电流表完整无缺，指示正常，电流值不得超过负载额定电流，电压为380（1±5%）V；柜内外表面及周围环境清洁、无灰；指示灯和按钮正常；主回路出线无烧焦脱落现象，输出无缺相；在低压配电柜上主要用电设备运行电流参考值，以在设备巡视时进行参考；各抽屉的机械联锁及操作手柄完好；各抽屉滑动导轨无卡死和不滑畅现象；带有综合保护控制器MNS柜对保护器的参数不能擅自变动；柜上选择开关在规定的位置。

5. 风机软启动柜巡视要求

电压表、电流表完整无缺，指示正常；柜内外表面及周围环境清洁、无灰；工作指示灯和按钮正常；柜上选择开关在规定的位置；柜内无响声。

6. 风机变频柜巡视要求

电压表、电流表完整无缺，指示正常；柜内外表面及周围环境清洁、无灰；工作指示灯和按钮正常；柜上选择开关在规定的位置；变频器输出电源频率不低于35 Hz；柜内无响声。

7. 保护接地巡视要求

接地线与电气设备的金属外壳应连接良好，无松动、脱落及假接地等现象；电气设备在每次大修后，必须进行接地线接地电阻测试并填写报告；移动式、携带式电气设备的接地线在每次使用前应检查其接地线是否良好。

8. 环控电控室巡视要求

所有开关位置是否符合运行状态；每半年对环控电控室两路进线进行自切试验；MNS柜出线开关抽屉上要标明与其对应设备的位置、容量和名称等内容；现场有人检

修设备时，MNS柜出线开关抽屉必须拉出，操作手柄调到无法推进的位置，并悬挂“有人施工，严禁合闸”的标志牌；柜上的设备指示灯动作状态与现场实际设备动作相一致；室内消防设备工作状态正常，并符合消防要求；环控电控室的环境要求应参照降压变电站的环境要求执行。

9. 动力照明要求

每日安排巡视人员对车站、停车场、车辆段、控制中心、主变电站照明灯具、应急照明灯具、紧急疏散导向标志灯具、站内外导向标志灯具等进行巡视，发现损坏应及时更换，保证灯具完好。在每个区间工作点安排巡视人员对区间照明灯具、区间导向标志灯具、岔区照明灯具和区间动力插座箱等进行巡视，发现损坏应及时更换。

10. 母线绝缘子、漏电保护装置和电动机巡视要求

母线所有支持绝缘子应完整，无裂痕、闪络放电和严重积灰。维护保养时，各连接点应接触良好，无松动、发热、变形现象。漏电保护装置在投入运行前，必须利用检验按钮进行动作验证，使其处于有效状态。漏电保护装置每半年检测一次。电动机在运行时应经常保持清洁，散热风罩进风口和出风口必须保持畅通。

11. 低压配电设备注意事项

（1）低压配电设备24 h运行，车站、停车场、车辆段、控制中心、主变电站工作人员按运行操作规程进行操作。

（2）每班要保持低压配电设备操作台面整洁，不允许将杂物堆放在低压配电设备上。

（3）低压配电设备发生故障时，车站、停车场、车辆段、控制中心、主变电站工作员应及时报修。

（4）一旦低压配电设备出现冒烟，工作人员应立即切断冒烟设备的电源，并及时报修。

1.2.3 安全规范

1. 低压配电设备接地操作的安全要求

确认需接地的设备已停电，并已做好安全隔离措施。拆装携带型临时接地线：应采用截面积不小于20 mm^2 的裸铜制成的接地线，严禁使用不符合规定的导线作保护接地线；应装在明显易见的地方；装拆接地线应有两人操作，并须戴绝缘手套；装设时应先接接地端，再接导体端，拆除时顺序相反。

2. 临时用电装置的安全要求

临时用电装置应严格控制，如确需装设时，应由使用部门填写“临时线路安装申请单”经公司技术人员审核后，部门领导批准，方可安装；在临时用电装置的电源及操作处应装熔断器和带过电流保护开关；加装的熔断器和带过电流保护开关应符合线路的保护匹配。

3. 移动电器具的安全要求

根据“上海地区执行低压电气装置规程”的规定，移动电器具的绝缘电阻应大于 2 MΩ；金属外壳的移动电器具应有明显的接地螺钉和可靠接地线；移动电器具电源线采用有外护套的电源线，长度一般为 2 m，单相 220 V 电器具应用三芯线，三相 380 V 的电源线应用四芯线，其中黄绿双色为专用接地线；移动电器具的引线、插头、开关应完好无损，使用前应用验电器检查外壳是否漏电；在地面和环境潮湿的地方使用移动电器具要用隔离变压器供电。

4. 停电工作的安全要求

停电检修工作必须用合格的验电器验明确实无电；停电检修时，有可能送电到所检修的设备及线路的开关、隔离闸刀、熔断器和开关柜抽屉应全部断开、拉出，做好防止误合闸措施，并在上述地方悬挂“有人施工，严禁合闸”的标志牌。

5. 不停电工作的安全要求

不停电工作必须严格执行监护制度；工作必须保证足够的安全措施；不停电工作严禁使用无绝缘的工具；工作人员要穿着合格的电工鞋和干燥的电工服装；在带电的低压导线上工作，导线未采取绝缘措施时，工作人员不得触碰导线；在带电的低压配电设备上工作时，应采取防止相间短路、相地短路的隔离保护措施；在带电的低压线路上工作时，应先分清相线零线，选好工作位置，断开导线时，应先断开相线、后断开零线，搭接导线时，应先将线头试搭，然后先接零线，后接相线。

6. 其他安全要求

（1）在设备柜内进行清洁、维护保养等作业时，需持证操作，并切断上级电源。

（2）环控电控室各类设备柜、抽屉柜开关上所对应设备标牌清晰，指示灯正常；环控电控室停役或备用抽屉柜开关要做好相应隔离措施。

（3）环控电控室停役的各类设备柜、抽屉柜，当有人施工时，在做好相应隔离措施后，须在抽屉开关上悬挂“禁止合闸，有人工作”标志牌。

（4）环控电控室需确保普通照明与应急照明能够正常使用；停役后的抽屉开关在

恢复供电时，须对相应的供电线路和设备进行绝缘测定，在确认线路和设备正常后，方可送电。

（5）各类设备柜、抽屉柜发生跳闸后，须确定故障原因并进行修复，修复后应进行绝缘测定，在确认线路和设备正常后方可送电。

1.3 低压配电设备的检测

知识要求

1.3.1 单相电动机的检测

1. 实训目的

（1）使学员了解单相电动机的使用与调试工艺。

（2）掌握一般的检修方法和手段。

（3）能熟练地使用常用工具和简单仪器仪表。

2. 实训设备及工具

（1）单相电动机。

（2）兆欧表（又名摇表）。

3. 实训内容

（1）实训要求

1）单相电动机的绝缘电阻检查应符合要求。

2）按规定时限完成作业，安全操作。

（2）操作方法和步骤

1）将电动机接线盒内端头的联片拆开。

2）检测兆欧表是否处于正常工作状态。主要检查其“0”和“∞”两点。把兆欧表放平，先不接线，摇动兆欧表，使电动机达到额定转速，开路时应指在“∞”位置。开路检查及读数如图1—2、图1—3所示。将表上有“l”（线路）和“e”（接地）的两接线柱用导线短接，摇动兆欧表，使电动机达到额定转速，短路时应指在“0”位置，如图1—4所示。

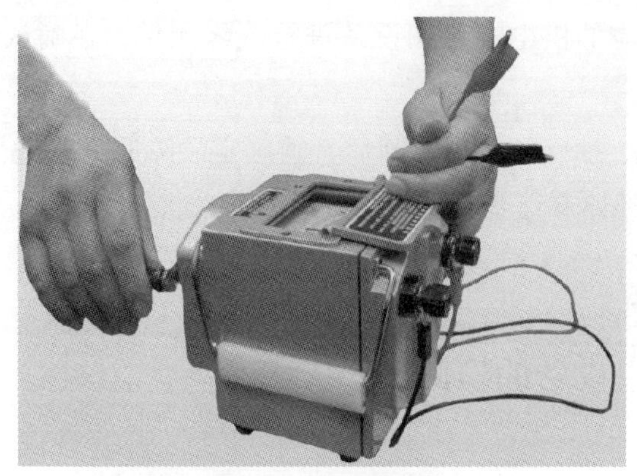

图 1—2　开路检查

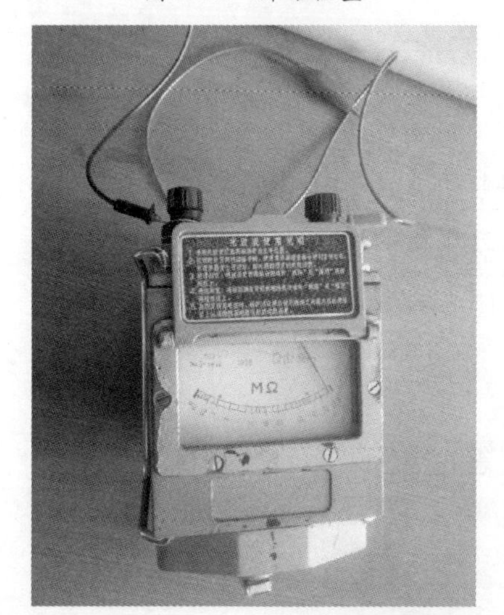

图 1—3　开路检查读数

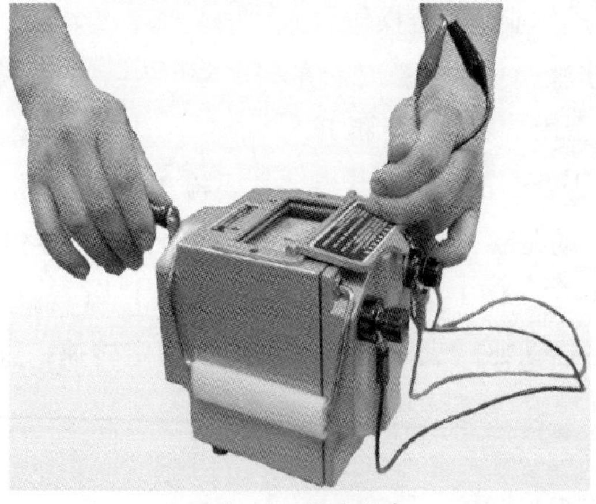

图 1—4　短路检查

3）查看单相电动机的额定电压，选择相匹配的兆欧表。额定电压在500 V以下的电气设备，采用规格为500 V的兆欧表。额定电压在500～3 000 V的电气设备，采用规格为1 000 V的兆欧表。

4）检测单相电动机的绝缘及绕组。假设用500 V兆欧表测量电动机绕组与外壳的绝缘电阻，将两测试夹分别接到电动机绕组与外壳上，平放摇表，以120 r/min的转速匀速摇动兆欧表1 min，读取表针稳定的指示值，读数应不小于0.5 MΩ。查看测试结果数据是否符合要求。

5）测试完毕，将工具、仪表正确归位并将其恢复到初始安全状态。

6）考试人员按规定着装，作业符合安全规定，文明操作。

1.3.2　三相电动机的检测

1. 实训目的

（1）使学员了解三相电动机的使用与调试。

（2）掌握三相电动机绝缘电阻的检测方法。

（3）能熟练地使用兆欧表并规范操作。

2. 实训设备及工具

（1）三相电动机。

（2）兆欧表。

3. 实训内容

（1）实训要求

1）三相电动机的绝缘电阻检查应符合要求。

2）按规定时限完成作业，安全操作。

（2）操作方法和步骤

1）将电动机接线盒内6个端头的联片拆开。

2）检测兆欧表是否处于正常工作状态。主要检查其“0”和“∞”两点。把兆欧表放平，先不接线，摇动兆欧表，使电动机达到额定转速，开路时应指在“∞”位置。将表上有“l”（线路）和“e”（接地）的两接线柱用导线短接，摇动兆欧表，使电动机达到额定转速，短路时应指在“0”位置。

3）查看三相电动机的额定电压，选择相匹配的兆欧表。额定电压在500 V以下的电气设备，采用规格为500 V的兆欧表。额定电压在500～3 000 V的电气设备，采用规格为1 000 V的兆欧表。

4）检测三相电动机的绝缘及绕组。假设用 500 V 兆欧表测量电动机绕组与外壳的绝缘电阻，将两测试夹分别接到电动机绕组与外壳上，平放摇表，以 120 r/min 的转速匀速摇动兆欧表 1 min，读取表针稳定的指示值，读数应不小于 0.5 MΩ。查看测试结果数据是否符合要求。

5）用同样的方法，依次测量每相绕组与电动机外壳的绝缘电阻值。但应注意，表上标有“e”或“接地”的接线柱，应接到电动机外壳上无绝缘处。查看测试结果数据是否符合要求。

6）测试完毕，将工具、仪表正确归位并将其恢复到初始安全状态。

7）考试人员按规定着装，作业符合安全规定，文明操作。

1.3.3 接触器的检测

1. 实训目的

（1）使学员了解接触器的结构。

（2）掌握接触器绝缘电阻的检测方法。

（3）掌握接触器线圈及触点的检测方法。

（4）能熟练地使用兆欧表。

2. 实训设备及工具

（1）接触器。

（2）兆欧表。

（3）万用表。

3. 实训内容

（1）实训要求

1）接触器的绝缘电阻检查应符合要求。

2）线圈及触点的测试结果应符合要求。

3）按规定时限完成作业，安全操作。

（2）操作方法和步骤

1）检测兆欧表是否处于正常工作状态。主要检查其“0”和“∞”两点。把兆欧表放平，先不接线，摇动兆欧表，使电动机达到额定转速，开路时应指在“∞”位置。将表上有“l”（线路）和“e”（接地）的两接线柱用导线短接，摇动兆欧表，使电动机达到额定转速，短路时应指在“0”位置。

2）查看接触器的额定电压，选择相匹配规格的兆欧表和万用表。

3）用500 V兆欧表测量接触器线圈触点与接地端的绝缘电阻，将两测试夹分别接到接触器线圈触点与接地端上，平放摇表，以120 r/min的转速匀速摇动兆欧表1 min，读取表针稳定的指示值，读数应不小于0.5 MΩ。查看测试结果数据是否符合要求。

4）在接触器不通路的情况下，使用万用表欧姆挡测量接触器的常闭触点及常开触点，并分别读取表针稳定的指示读数。查看测试结果数据是否符合要求。

5）测试完毕，将工具、仪表正确归位并将其恢复到初始安全状态。

6）考试人员按规定着装，作业符合安全规定，文明操作。

1.3.4 继电器的检测

1. 实训目的

（1）使学员了解继电器的结构。

（2）掌握继电器电阻、接触电阻的检测方法。

（3）掌握继电器吸合电压、电流，释放电压、电流的检测方法。

（4）能熟练地使用电压表、电流表。

2. 实训设备及工具

（1）继电器。

（2）欧姆表。

（3）电压表。

（4）电流表。

3. 实训内容

（1）实训要求

1）继电器的电阻检查应符合要求。

2）吸合电压、电流，释放电压、电流的测试结果应符合要求。

3）按规定时限完成作业，安全操作。

（2）操作方法和步骤

1）使用欧姆表测量继电器线圈两端的触点，读取表针稳定的指示值。

2）检测继电器的吸合电压和吸合电流时接好稳压电源、电流表、电压表、继电器，电压表的量程可选在30 V挡，电流表量程在100 mA范围内便可。将继电器线圈串联到电路中，电压表并联在线圈的两引脚上，电流表也串入电路，注意电流表与电压表的正、负极不要接错。接好后稳压电源通电，并逐渐增加电压数值，直到听见衔铁发出“咔”的一声，表明磁铁已将衔铁吸住，此时电压表、电流表的数值便是吸合电压和吸合电流的值。为求准确，可以多测几次，求平均值。

3）当继电器吸合后，使用欧姆表测量继电器线圈电阻，读取表针指示值，即为继电器接触电阻。

4）测量释放电压和释放电流的连接方式与测量吸合电压和吸合电流一样，当继电器发生吸合后，逐渐降低供电电压，当听到继电器再次发出释放声音时，记下此时的电压和电流，也可多尝试几次取得平均的释放电压和释放电流值。

5）测试完毕，将工具、仪表正确归位并将其恢复到初始安全状态。

6）考试人员按规定着装，作业符合安全规定，文明操作。

1.3.5 交/直流电及漏电的检测

1. 实训目的

（1）使学员了解交/直流电的检测方法。

（2）掌握漏电探测器的检测方法。

（3）能熟练地使用常用工具和简单仪器仪表。

2. 实训设备及工具

（1）交/直流电测试平台。

（2）万用表。

（3）漏电探测器。

3. 实训内容

（1）实训要求

1）交/直流电检测应符合要求。

2）漏电探测器检测应符合要求。

3）按规定时限完成作业，安全操作。

（2）操作方法和步骤

1）交/直流电检测

①使用万用表的交流电压挡，将两根表棒分别放置在所需测量位置的两端，读取测量数值，若能够读取数值，则为交流电。

②若未能够读取数值，则将万用表调整至直流电压挡，再次将两根表棒分别放置在所需测量位置的两端，读取测量数值，此为直流电。

2）漏电探测仪检测

①打开漏电探测仪，将黑色表棒连接至测试平台的接地位置。

②按下漏电探测仪上30 mA挡位。

③将漏电探测仪前段的探测针碰触所需测量位置。

④查看显示屏，根据内容判断是否漏电。

3）测试完毕，将工具、仪表正确归位并将其恢复到初始安全状态。

4）考试人员按规定着装，作业符合安全规定，文明操作。

理论知识复习题

一、单选题

1. 根据车站照明负荷重要性的分类原则，事故照明属于（　　）负荷。

A. 一级　　B. 二级　　C. 三级　　D. 四级

2. 通常在站台、站厅的两端各设置（　　）个照明配电室。

A. 一　　B. 两　　C. 三　　D. 四

3. 各种照明配电控制箱被集中安装在（　　）。

A. 车控室　　B. 信号机房

C. 照明配电室　　D. 员工休息室

4. 一般照明的总电源是由（　　）的低压柜两段母线上各馈出的一路电源。

A. 主变电站　　B. 牵引变电站

C. 降压变电站　　D. 所用变电站

5. 车站一类用电负荷是采用降压站低压柜两段母线各馈出一路电源经（　　）实现末端切换后再馈出给设备的方式供电。

A. 双电源自切箱　　B. 母线分段断路器

C. 母联断路器　　D. 以上答案都对

二、判断题

1. 车站照明系统大致包括车站、隧道和电缆层的一般照明、事故照明和广告照明。（　　）

2. 通常在车站站台、站厅的两端各设置一个照明配电室。（　　）

3. 各设备及管理用房进门处设有就地开关箱/盒，可控制相应房间的一般照明，这类控制方式属于车站照明系统的车控室集中控制。（　　）

4. 属于车站一类用电负荷的设备有通信系统、信号系统、火灾报警系统、气体灭

火系统、照明系统等。（　　）

5. 车站二类用电负荷是采用降压站低压柜两段母线各馈出一路电源至配电箱后再馈出给设备的方式供电。（　　）

理论知识复习题参考答案

一、单选题

1. A　2. A　3. C　4. C　5. A

二、判断题

1. √　2. √　3. ×　4. ×　5. ×

第2章 FAS与BAS系统

学习目标

- ✔ 了解车站FAS系统的术语。
- ✔ 了解气体自动灭火系统的基本组成。
- ✔ 了解BAS系统的基本组成。
- ✔ 了解BAS系统的监控内容。
- ✔ 熟悉BAS系统的运行管理及职责。

2.1　基础知识

知识要求

2.1.1　系统术语

1. 监视状态

监视状态（又称警戒状态）是指火灾探测器或火灾报警装置发出火灾报警信号或故障信号前的工作状态。

2. 报警状态

报警状态是指火灾探测器或火灾报警装置发出火灾报警信号时的工作状态。

3. 故障状态

故障状态是指火灾探测器或火灾报警装置发生故障时的状态。

4. 监视电流

监视电流是指火灾探测器或火灾报警装置处于监视状态时的工作电流。

5. 报警电流

报警电流是指火灾探测器或火灾报警装置处于报警状态时的工作电流。

6. 故障

故障是指火灾报警系统中某环节（火灾探测器、火灾报警装置、连接导线等）不能正常工作。

7. 故障率

故障率是指火灾报警系统和系统中各装置在规定的条件下、规定的期限内发生故障的次数。通常以百万小时的故障次数表示，故障率 = 故障次数/百万小时。

8. 误报率

误报率是指火灾报警系统和系统中各装置在规定的条件下、规定的期限内发生误报的次数。通常以百万小时的误报次数表示，误报率 = 误报次数/百万小时。

9. 线制

线制是指火灾报警控制器与火灾探测器之间的布线制式。

2.1.2 火灾的基础知识

1. 燃烧的必要条件

燃烧可分为有焰燃烧和无焰燃烧。通常看到的明火都是有焰燃烧；有些固体发生表面燃烧时，有发光发热的现象，但是没有火焰产生，这种燃烧方式则是无焰燃烧，如木炭的燃烧。

燃烧的发生和发展必须具备三个必要条件，即可燃物、氧化剂和温度（引火源），如图 2—1 所示。

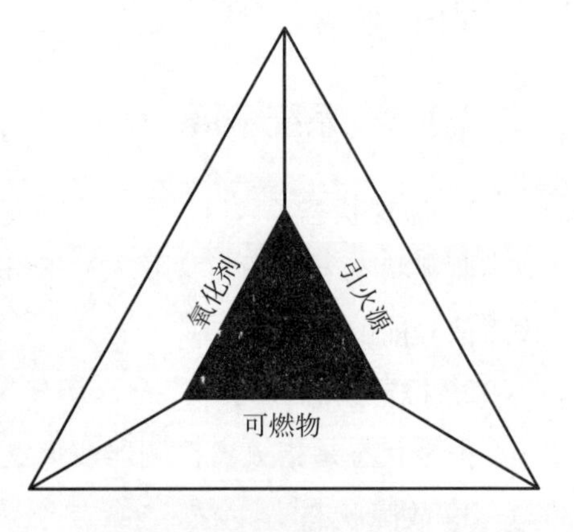

图 2—1 燃烧的三个必要条件

进一步研究表明，有焰燃烧的发生和发展除了具备上述三个条件以外，因其燃烧过程中还存在未受抑制的自由基（一种高度活泼的化学基团，能与其他自由基和分子起反应，从而使燃烧按链式反应的形式扩展，也称游离基）作中间体，因此，有焰燃烧发生和发展需要四个必要条件，即可燃物、氧化剂、温度和链式反应。

2. 火灾等级

火灾按照火灾事故所造成的灾害损失程度分类：

依据国务院 2007 年 4 月 6 日颁布的《生产安全事故报告和调查处理条例》（国务院令 493 号）中规定的生产安全事故等级标准，消防部门将火灾分为特别重大火灾、重大火灾、较大火灾和一般火灾四个等级。

（1）特别重大火灾。特别重大火灾是指造成 30 人以上死亡，或者 100 人以上重伤，或者 1 亿元以上直接财产损失的火灾。

（2）重大火灾。重大火灾是指造成10人以上30人以下死亡，或者50人以上100人以下重伤，或者5 000万元以上1亿元以下直接财产损失的火灾。

（3）较大火灾。较大火灾是指造成3人以上10人以下死亡，或者10人以上50人以下重伤，或者1 000万元以上5 000万元以下直接财产损失的火灾。

（4）一般火灾。一般火灾是指造成3人以下死亡，或者10人以下重伤，或者1 000万元以下直接财产损失的火灾。

注："以上"包括本数，"以下"不包括本数。

3. 火灾发展阶段

对于建筑火灾而言，最初发生在室内的某个房间或某个部位，然后由此蔓延到相邻的房间或区域，以及整个楼层，最后蔓延到整个建筑物。其发展过程大致可分为初期增长阶段、充分发展阶段和衰减阶段。如图2—2所示为建筑室内火灾温度—时间曲线。

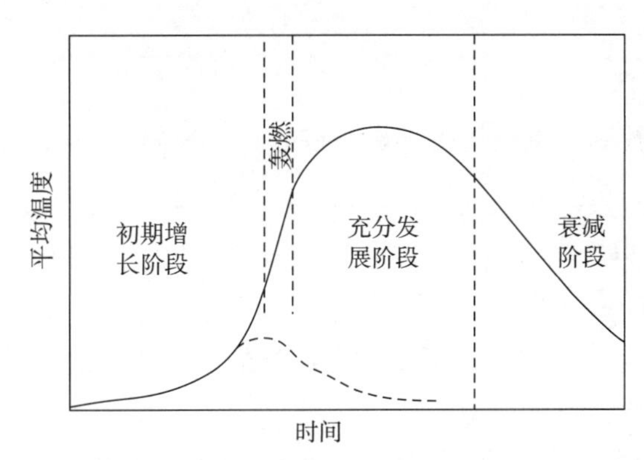

图2—2 建筑室内火灾温度—时间曲线

（1）初期增长阶段。室内火灾发生后，最初只局限于着火点处的可燃物燃烧。局部燃烧形成后，可能会出现以下三种情况：一是以最初着火的可燃物燃尽而终止；二是因通风不足，火灾可能自行熄灭，或受到较弱供氧条件的支持，以缓慢的速度维持燃烧；三是有足够的可燃物，且有良好的通风条件，火灾迅速发展至整个房间。

这一阶段着火点处局部温度较高，燃烧的面积不大，室内各点的温度不平衡。由于可燃物性能、分布、通风、散热等条件的影响，燃烧的发展大都比较缓慢，有可能形成火灾，也有可能中途自行熄灭，燃烧发展不稳定。火灾初期阶段持续时间的长短不定。

（2）充分发展阶段。在建筑室内火灾持续燃烧一定时间后，燃烧范围不断扩大，温度升高，室内的可燃物在高温的作用下，不断分解释放出可燃气体，当房间内温度达到400～600℃时，室内绝大部分可燃物起火燃烧，这种在一定空间内可燃物的表面全部卷入燃烧的瞬变状态称为轰燃。轰燃的出现是燃烧释放的热量在室内逐渐累积与对外散热共同作用、燃烧速率急剧增大的结果。通常，轰然的发生标志着室内火灾进入全面发展阶段。

轰燃发生后，室内可燃物出现全面燃烧，可燃物热释放速率很大，室温急剧上升，并出现持续高温，温度可达800～1 000℃。之后，火焰和高温烟气在火风压的作用下，会从房间的门窗、孔洞等处大量涌出，沿走廊、吊顶迅速向水平方向蔓延扩散。同时，由于烟囱效应的作用，火势会通过竖向管井、共享空间等向上蔓延。

（3）衰减阶段。在火灾全面发展阶段的后期，随着室内可燃物数量的减少，火灾燃烧速度减慢，燃烧强度减弱，温度逐渐下降，当降到其最大值的80%时，火灾则进入熄灭阶段。随后房间内温度下降显著，直到室内外温度达到平衡为止，火灾完全熄灭。

4. 灭火的基本方法

为防止火势失去控制，继续扩大燃烧而造成灾害，需要采取一定的方式将火扑灭，通常有以下几种方法，这些方法的根本原理是破坏燃烧条件。

（1）冷却。可燃物一旦达到着火点，即会燃烧或持续燃烧。将可燃物的温度降到一定温度以下，燃烧即会停止。

（2）隔离。在燃烧三要素中，可燃物是燃烧的主要因素。将可燃物与氧气、火焰隔离，就可以中止燃烧、扑灭火灾。

（3）窒息。可燃物的燃烧是氧化作用，需要在最低氧浓度以上才能进行，低于最低氧浓度，燃烧不能进行，火灾即被扑灭。一般氧浓度低于15%时，就不能维持燃烧。在着火场所内，可以通过灌注不燃气体，如二氧化碳、氮气、蒸汽等，来降低空间的氧浓度，从而达到窒息灭火。此外，水喷雾灭火系统实施动作时，喷出的水滴吸收热气流热量而转化成蒸汽，当空气中水蒸气浓度达到35%时，燃烧即停止，这也是窒息灭火的应用。

（4）化学抑制。由于有焰燃烧是通过链式反应进行的，如果能有效地抑制自由基的产生或降低火焰中的自由基浓度，即可使燃烧中止。常见的化学抑制灭火的灭火剂有干粉和卤代烷（已淘汰）。化学抑制法灭火，灭火速度快，使用得当可有效地扑灭初期火灾，减少人员和财产的损失。抑制法灭火对于有焰燃烧火灾效果好，但由于渗透性较差，对深度火灾灭火效果不理想。在条件许可情况下，采用抑制法灭火的灭火剂与水、泡沫等灭火剂联用，会取得满意效果。

5. 防火的基本措施

建筑防火是指在建筑设计和建设过程中采取防火措施，以防止火灾发生和减少火灾对生命财产的危害。通常，建筑防火措施包括被动防火和主动防火两个方面。建筑被动防火措施主要是指建筑防火间距、建筑耐火等级、建筑防火构造、建筑防火分区分隔、建筑安全疏散设施等；建筑主动防火措施主要是指火灾自动报警系统、自动灭火系统、防烟排烟系统等。

6. 常用的灭火器

不同种类的灭火器，适用于不同物质的火灾，其结构和使用方法也各不相同。灭火器的种类较多，按其移动方式可分为手提式和推车式；按驱动灭火剂的动力来源可分为储气瓶式、储压式；按所充装的灭火剂则又可分为水基型、干粉、二氧化碳灭火器、洁净气体灭火器等；按灭火类型分为A类灭火器、B类灭火器、C类灭火器、D类灭火器、E类灭火器等。

7. 防火卷帘

防火卷帘是指在一定时间内，连同框架能满足耐火稳定性和完整性要求的卷帘，由帘板、卷轴、电机、导轨、支架、防护罩和控制机构等组成。

8. 防火阀

防火阀是在一定时间内能满足耐火稳定性和耐火完整性要求，用于管道内阻火的活动式封闭装置。空调、通风管道一旦窜入烟火，就会导致火灾大范围蔓延。因此，在风道贯通防火分区的部位（防火墙）必须设置防火阀。

2.1.3 地铁车站防火安全

1. 车站消防报警系统的探测点

一个探测区域内所需设置的探测器数量，应不少于下式的计算值：

$$N = S/K \cdot A$$

式中 N——探测器数量（只），N应取整数；

S——该探测区域面积，m^2；

A——探测器的保护面积，m^2；

K——修正系数，特级保护对象宜取0.7～0.8，一级保护对象宜取0.8～0.9，二级保护对象宜取0.9～1.0。

2. 车站气体灭火系统

气体灭火系统是以一种或多种气体作为灭火介质，通过这些气体在整个防护区内或保护对象周围的局部区域建立起灭火气体浓度实现灭火。气体灭火系统具有灭火效率高、灭火速度快、保护对象无污损等优点。气体灭火系统是根据灭火介质而命名的，上海地铁目前比较常用的气体灭火系统有二氧化碳灭火系统、卤代烷灭火系统、烟烙尽灭火系统等。

2.2 消防报警系统的组成与功能

知识要求

2.2.1 消防报警系统的组成与主要功能

1. 消防报警系统的组成

火灾自动报警系统由报警主机、外围设备、管网及网络等设备组成。其中，外围设备即配套设备，由手动报警器、模块、电话、探测器等组成。

2. FAS 车站级的主机

FAS 主机具有模块化结构，运用 CPU 技术，同时采用液晶屏显示，具有功能扩展方便、硬件可靠性高等特点。利用智能型数据总线技术保证报警的精确性和准确性，并与 BAS 系统集成联网，共同完成火灾工况。在现已建成的上海轨道交通中，基本采用了美国 Simplex 公司 4100 U 系列及美国爱德华公司的 EST－3（Edwards System Technology，简称 EST）系列等。

3. CPU 卡

CPU 卡是由一块 CPU 与几块芯片集成在一块，采用 16 位微处理器，能根据实际情况现场进行软件程序编制与调试的一种智能型模块，是整个系统的核心部件。它与设备内部各功能模块之间相互通信、接收和发送信息，进行数据交换，可任意设定地址点，探测点和控制点可根据需要分配。

4. 电源模块及蓄电池

电源模块为消防主机内部板卡提供 24 V 电源，另配有保证设备工作不少于 8 h 的备用蓄电池组。电源模块包括一个高效开关式电源和一个电源监视模块两个部分。开关式电源分配整个系统共享电源，电源监视模块监视电源分配使用的电能特性。电源分主电源和辅助电源两种，主电源能为65 Ah以下电池组充电，辅助电源无电池充电功能。

5. 显示面板和操作面板

报警主机面板由显示窗、功能键、指示灯和按钮/指示灯四部分组成。

6. 消防电话主机

消防专用电话网络为独立的消防通信系统。消防专用电话总机设置在消防控制室。当发生紧急情况时，工作人员可通过消防电话分机及电话插孔与消防控制室进行通话。

7. GCC

GCC是一台工业用计算机，带LCD液晶显示，作为消防系统监控终端。它既可以接入消防报警系统网络，也可以脱离网络，独立地与消防报警主机连接。GCC的主要作用：提供良好的人机界面，直观地显示本站消防系统设备分布状态，与消防报警主机同时报告车站的报警、故障、监控等状况，极大地提高了值班人员处理事故的速度。GCC还具备报警信息分类的作用，如火灾报警信息、故障报警信息、反馈报警信息，还具有历史记录查询、设备工作状态查询、设备控制及联动等功能。

2.2.2 气体自动灭火系统

1. 二氧化碳灭火系统

二氧化碳灭火系统是以二氧化碳作为灭火介质的气体灭火系统。二氧化碳是一种惰性气体，对燃烧具有良好的窒息和冷却作用。

2. 卤代烷灭火系统

卤代烷灭火剂系列具有灭火能力强、灭火剂性能稳定的特点，但卤代烷1301和卤代烷1211灭火剂含破坏大气环境的成分，其分解产物有毒，会对人产生危害，使用时应引起重视。

3. 烟烙尽灭火系统

烟烙尽（氩气、氮气、二氧化碳）灭火系统的惰性气体纯粹来自于自然，是一种无毒、无色、无味、惰性及不导电的纯“绿色”压缩气体，故又称为洁净气体灭火系统。

4. 气体灭火管网系统

管网灭火系统是指按一定的应用条件进行计算，将灭火剂从储存装置经由干管、支管输送至喷放组件实施喷放的灭火系统。管网系统又可分为组合分配系统和单元独立系统。

5. 气体钢瓶及瓶头阀

气体钢瓶可以储存灭火剂，同时又是系统工作的动力源，为系统正常工作提供足够的压力。瓶头阀安装在容器上，具有封存、释放、充装等功能。

2.3 消防系统的运行管理

知识要求

2.3.1 运行管理的任务和内容

1. 消防系统运行管理的任务

（1）能正确熟练地使用各种消防设备进行火灾监测及控制。

（2）确保消防设备处于正常的运行状态。

（3）确保消防设备的安全，不被人为或环境破坏。

2. 消防系统运行管理的内容

（1）对系统操作进行管理，要求所有操作人员都必须经过上岗培训，并在培训合格后才能上岗。此外，消防系统应设置密码操作等级，平时处在低等级，以避免人为误操作，当发生火灾时，进入高等级操作。

（2）对系统日常运行进行管理。应制定值班人员的巡视制度及记录表格，确保消防设备正常及安全。

（3）对突发事件的应急处理进行管理。

2.3.2 消防系统的火灾突发事件应急处理流程及规定

1. 接到火灾警报后，工作人员应立即携带灭火器材赶赴现场确认，如确有火情应按相关处置要求进行处置。

2. 火灾确认后，值班人员立即确认火灾报警联动控制开关处于自动控制状态，确认相关设备动作情况，遇紧急情况应及时手动操作相关设备。同时，拨打报警电话准确报警，报警时需要说明着火单位地点、起火部位、着火物种类、火势大小、报警人姓名和联系电话等。

3. 立即启动应急疏散和初期火灾扑救灭火预案，同时报告调度。

2.3.3 安全规范

1. 自动报警系统操作安全规定

（1）操作人员应经过安全和相关技术培训，并经消防考核取得相关资质证书。操作人员未经批准不得擅自切断报警控制盘、气体灭火控制盘、图形工作站主机和消防联动控制盘等设备的电源。

（2）未授权人员不得操作或越权操作报警系统设备，严禁在图形工作站上做与报警系统无关的事情。

（3）在非紧急情况下，任何人员严禁操作报警系统的手动报警器、消防联动控制盘上的任何开关或按钮。

（4）消防报警系统、消防设备或其他消防联动设备检修作业时，值班员应将报警系统设置为手动工作状态，并加强对系统的监控。

（5）与报警系统相关的所有维护、保养、检修作业和测试、试验后，值班员应对系统的功能和工作状态进行确认，确认正常后恢复自动（联动）工作状态。

2. 自动报警系统维修安全规定

（1）对运行中的设备进行检修工作时，应遵守确保人身和设备安全的规定；进入隧道、登高作业等应严格执行轨行区、高空作业规定。

（2）检修人员检修前对检修的内容和要求应明确，图样资料、备品备件、测试仪器、测试记录、检修工具等均应齐备。

（3）主控制器、图形工作站主机、模块箱维修应由取得专业资质，并经培训合格的人员进行；设备维护、检修时，应做好安全措施，防止误动作影响运行；带电设备待自然放电后，才能进行维修。

（4）严禁带电插拔各种信号线和板卡；保持维修环境的洁净，屏蔽电场和磁场；维修供电电网电压应稳定。

（5）使用维修工具时，要注意清除静电。在维修主板时，要做好防静电工作，防止静电击穿集成电路芯片；加电前，应将各部件连接固定好。检查各种芯片、控制卡和信号线应安装正确，跳针、地址码设定应无误，没有明确前不得加电。

（6）使用示波器、逻辑笔等检测信号时，应注意探针不应同时接触两个引脚。

技能要求

2.4 消防报警系统主机、外围设备和消防设施的操作

2.4.1 消防报警探测器的操作

正确选出可供 Simplex、EST 3 使用的探测器。如图 2—3 所示为 Simplex 探测器。

EST 3 探测器如图 2—4 所示。

图 2—3 Simplex 探测器

图 2—4 EST 3 探测器

通过探测器指示灯的数量可以对探测器进行区分，Simplex 探测器一般只有一只指示灯，EST 3 探测器通常有两只指示灯。

此外，Simplex 探测器有普通型和智能型的区分，如图 2—5 所示为普通型探测器。EST 3 探测器只有智能型（普通型温感、烟感探测器识读特点：指示灯安装在探测器上；智能型温感、烟感探测器识读特点：指示灯安装在底座上）。

图 2—5 普通型探测器

2.4.2 消火栓灭火系统的操作

1. 消火栓箱基本配置

消火栓箱包括水带（20 m 或 25 m）、消火栓（DN65 mm），水枪（ϕ19 mm）、消防泵启泵按钮、自救式消防软管卷盘（20 m 或 25 m）。具体配置视考核点情况而定。

2. 消火栓箱的操作步骤

（1）遇有火警时，根据箱门的开启方式拉开箱门。拉开后的箱门如图 2—6 所示。

（2）取下水枪，拉转水带盘，拉出水带，同时把水带接口与消火栓接口连接上，如图 2—7、图 2—8 所示。

（3）按下消防泵启泵按钮，如图 2—9 所示。

图2—6　拉开后的箱门

图2—7　连接消火栓接口

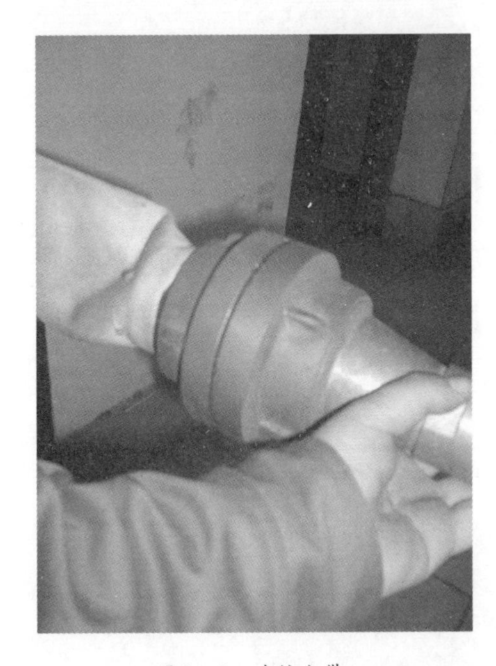

图2—8　连接水带

图2—9　按压消防泵启泵按钮

（4）逆时针旋动出水阀门，即能进行喷水灭火。

2.4.3 水喷淋灭火系统的操作

1. 水喷淋灭火系统

水喷淋灭火系统由末端试水装置、喷头、压力开关、管道系统、水流指示器、湿式报警阀、报警装置、供水设施、喷淋泵、稳压泵和喷淋控制柜组成。

2. 水喷淋灭火系统的操作步骤

（1）打开末端放水阀，箭头为打开方向，如图 2—10 所示。

图 2—10 沿箭头方向打开放水阀

（2）湿式报警阀与压力开关动作，如图 2—11 所示。图 2—11 中圈内为压力开关。

图 2—11 压力开关

(3) 喷淋泵动作，如图2—12所示。

(4) 水力警铃动作，如图2—13所示。

图2—12　喷淋泵

图2—13　水力警铃

2.4.4　气体灭火系统的操作

1. 气体灭火系统半自动启动

拉下手拉启动器，系统倒计时30 s后自动喷放，如图2—14所示。

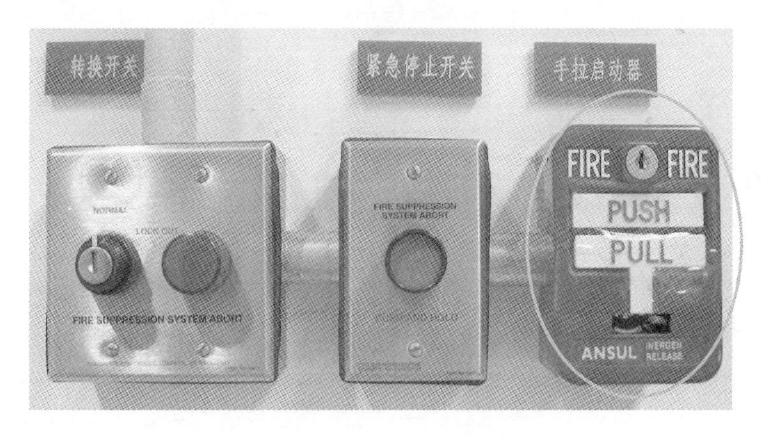

图2—14　手拉启动器

2. 气体灭火系统手动启动

(1) 拉下选择阀，如图2—15所示。

(2) 拉下瓶头阀，如图2—16所示。

图 2—15　选择阀

图 2—16　瓶头阀

（3）系统开始喷放。

2.4.5　高压细水雾灭火系统的操作

1. 手动电气启动

（1）当人员发现火灾发生时，可以通过远程消防控制中心启动相应区域的区域阀组按钮，打开区域阀组，管网压力下降，稳压泵自动启动运行超过10 s后，管网压力仍达不到1.2 MPa，则高压水泵自动启动供水灭火。高压细水雾阀组按钮如图2—17所示。

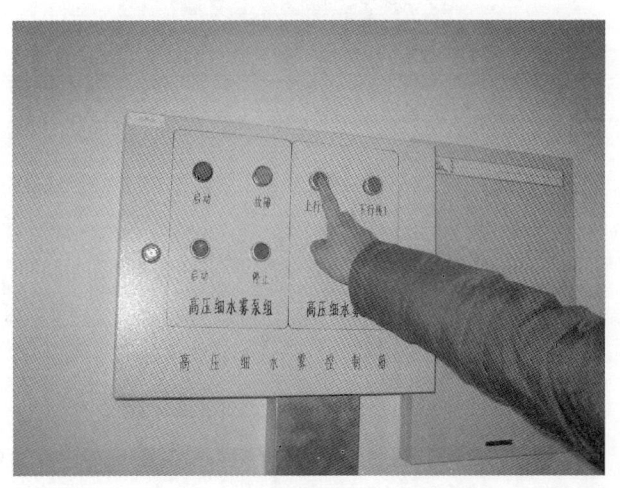

图2—17　高压细水雾阀组按钮

（2）在手动打开区域控制阀后，系统在10 s后高压泵仍未启动，再开启高压细水雾泵组按钮，如图2—18所示。

图2—18　高压细水雾泵组按钮

2. 就地启动

现场人员发现火灾时，可就地打开区域阀组，按下区域阀组控制按钮进行灭火，如图2—19所示。

图 2—19　就地启动区域阀组

3. 机械应急操作

在火灾报警系统失灵时，切断阀组电源后，再手动操作区域阀组上的手柄，打开区域阀组进行灭火（电动阀的左侧有手摇开关，在远程控制失效的情况下，可以揭开电动阀左侧的盖子，插入手柄，按照电动阀上悬挂的说明书，通过手摇开关打开区域阀），如图 2—20 所示。

图 2—20　机械应急操作

2.5 固定消防设施、设备的功能检查

2.5.1 FAS的功能检查

1. 检查FAS主机运行状态

通过FAS主机显示面板和相关的指示灯及拨位开关了解FAS当前的状态，如自动/手动状态、是否存在火灾报警、系统状态、故障状态、消防相关设备的状态等信息。

2. 检查主机初始状态

通过对FAS主机操作能够了解其基本信息，如火警点数、监视点数和故障点总数。

3. 烟感探测器开路故障的处理

通过FAS主机显示的故障信息，确认探测器故障的类型和内容后进行复位操作，如图2—21所示。

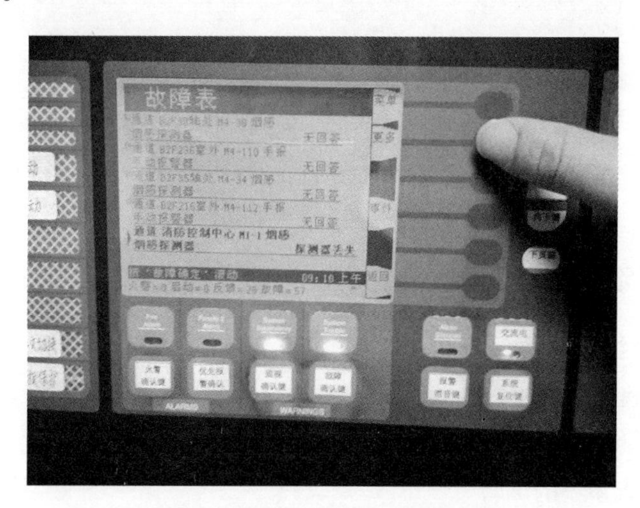

图2—21 FAS主机显示的故障信息

2.5.2 消火栓灭火系统的检查

1. 启泵前的检查与操作

检查FAS主机是否位于自动状态，若不在自动状态，必须切换后方可进行下面的测试工作。FAS系统应处于正常状态，无故障和火灾报警。

2. 消火栓灭火系统的试验

打开消火栓放水，并按启泵按钮，一段时间后，检查压力表、就地控制箱和水泵状态。

3. 启泵后的检查与操作

在 FAS 主机上确认报警是否正确（蜂鸣器是否发出报警声音、系统黄色状态指示灯是否闪烁），通过报警主机按钮操作消声并识读状态信息，确认与先前操作是否一致。消火栓灭火系统联动反馈信号表如图 2—22 所示。

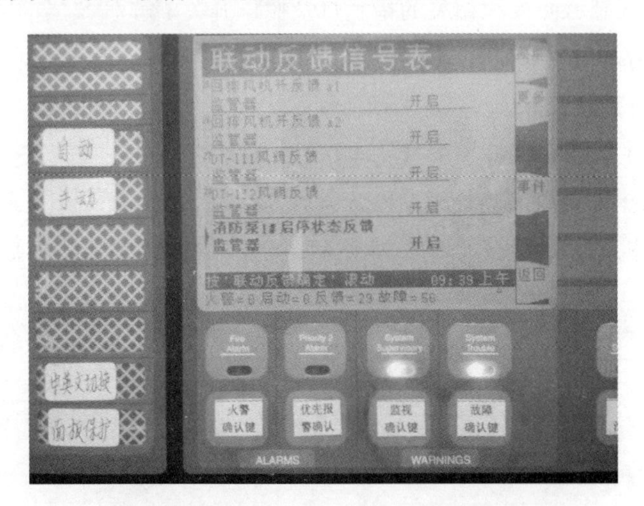

图 2—22　消火栓灭火系统联动反馈信号表

2.5.3　水喷淋灭火系统的检查

1. 启泵前的检查与操作

检查 FAS 主机是否位于自动状态，若不在自动状态，必须切换后方可进行下面的测试工作。FAS 系统应处于正常状态，无故障和火灾报警。

2. 水喷淋灭火系统的试验

在消防泵房找到并打开末端放水装置放水，一段时间后，检查水流指示计、压力表、就地控制箱和水泵状态。测试完成后，将就地控制箱水泵控制按钮切换到手动位置，停泵后关闭末端放水装置。

3. 启泵后的检查与操作

在 FAS 主机上确认报警是否正确（蜂鸣器是否发出报警声音、系统黄色状态指示灯是否闪烁），通过报警主机按钮操作消声并识读状态信息，确认与先前操作是否一致。水喷淋灭火系统联动反馈信号表如图 2—23 所示。

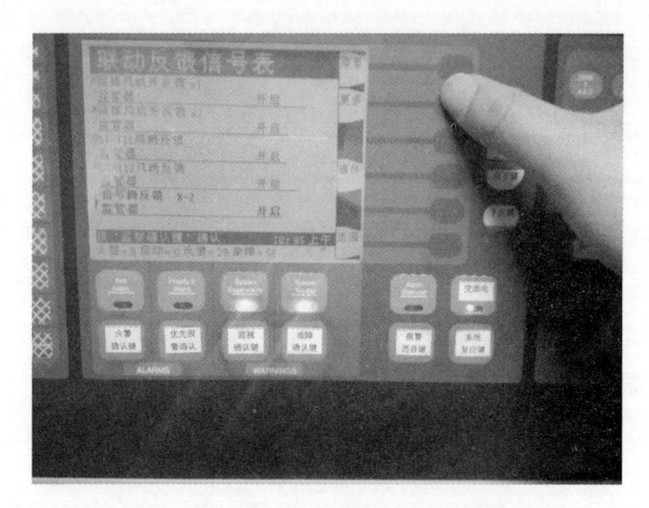

图 2—23　水喷淋灭火系统联动反馈信号表

2.5.4　气体灭火系统的检查

正确检查气压表、标识牌，指针在绿色范围为气压正常范围；指针超出绿色范围以右，为压力过高；指针超出绿色范围以左，为压力过低。气压表如图 2—24 所示。

图 2—24　气压表

2.5.5 高压细水雾灭火系统的检查

1. 高压细水雾泵组控制柜的检查

在准工作状态时，泵组控制柜面板中的报警盘上应无任何报警输出；系统压力维持在1.0～1.2 MPa，主电源、备用电源系统就绪及控制电源指示灯亮；泵组的启动和停止按钮处在常态位置；主泵和备泵运行指示灯、进水电磁阀指示灯、稳压泵运行指示灯均不亮。

2. 补水增压泵控制箱的检查

在准工作状态时，补水增压泵控制箱上电源信号灯处于常亮状态，如图2—25所示。

图2—25　补水增压泵控制箱

3. 区域阀组的检查

在准工作状态时，进水及出水检修球阀处于打开状态，调试阀保持关闭状态，电动阀处于关闭状态。区域阀组如图2—26所示。

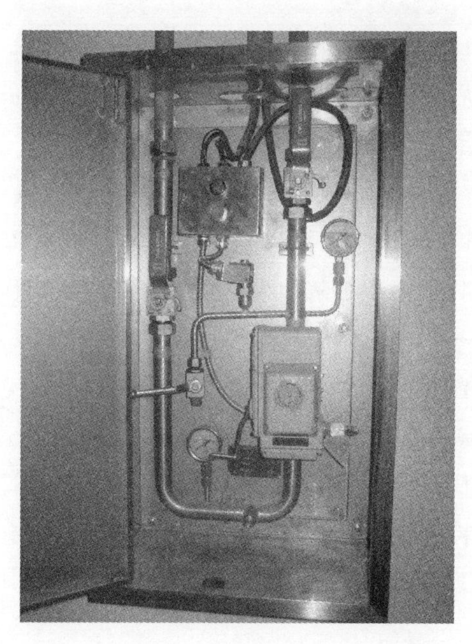

图2—26　区域阀组

2.6　BAS概论

知识要求

2.6.1　自动控制的基础知识

1. 控制系统的外部结构

就控制系统的外部结构而言，其共同特点：若把系统视为一个整体，则它们都有输入量和输出量，如图2—27所示。

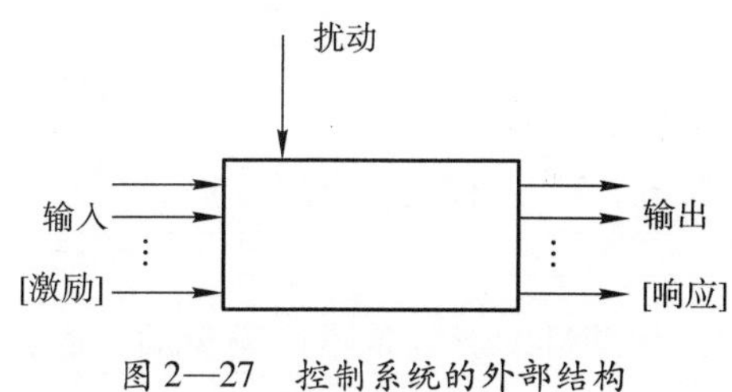

图2—27　控制系统的外部结构

2. 控制系统的输入量

输入量是外界对系统作用的信号。在输入量中，有些是人为设置对系统进行控制的，称为参考输入信号（或给定信号，有时简称为输入信号）；有些是外部环境对系统的干扰动量（或简称为扰动量），它们往往是难以预知和控制的。

3. 控制系统的输出量

输出量是系统向外界传送的信号，通常也是系统的被控量（或被调量）。实际系统是因果系统，即有输入才有输出，而输出绝不会产生在输入作用之前。或者说，系统只是在“激励”作用下才引起“响应”的。因此输入量又叫作系统的激励，输出量又叫作系统的响应。

4. 单（多）变量控制系统

单变量控制系统只有一个输入量和一个输出量，通常称这种系统为单变量系统，它是工业系统中常见的基本类型。

被控对象、测量元件、控制器和执行元件都可能具有一个以上的输入变量或一个以上的输出变量，称为多变量控制系统，同单变量系统相比，多变量系统的控制复杂得多。

5. 正反馈与负反馈

反馈是指控制系统的输出量信息返回输入端，与参考输入量信息进行综合，系统利用综合量进行自身调节。反馈有正反馈和负反馈之分。

正反馈是指控制系统的输出量信息与参考输入量信息进行叠加，系统利用叠加量进行自身调节的结果，使系统沿着现有状态或方向变化，最终处于限幅振荡。

负反馈是指控制系统的输出量信息与参考输入量信息进行比较，系统利用偏差量进行自身调节的结果，使系统按照给定的参考输入变化。因此负反馈在自动控制系统中具有控制生产设备或工艺过程稳定运行的重要作用。

2.6.2　自动控制系统分类

1. 开环控制系统

若系统的输出量不回送到系统的输入端，这类系统叫作开环控制系统。如图2—28所示为恒温箱的温度控制系统，就是开环控制系统的一种。

2. 闭环控制系统

在实际的控制系统中，扰动量的影响是不可避免的，而且往往是无法预计的。为了在随机扰动作用下，提高系统的精度，通常引入反馈，构成闭环控制系统，如图2—29所示。

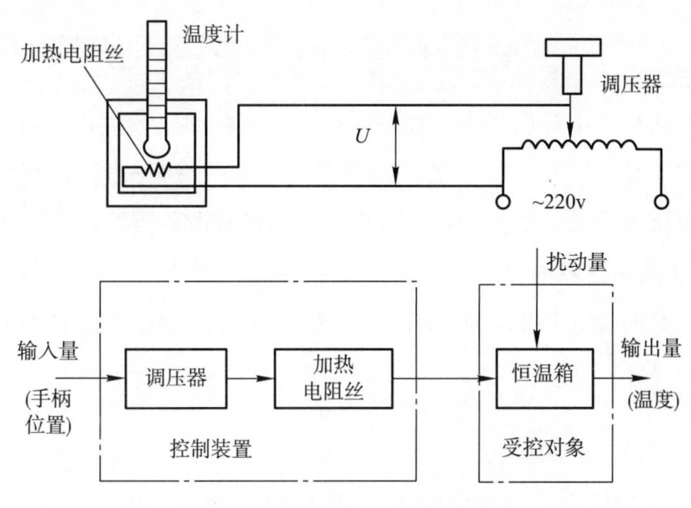

图 2—28　恒温箱的温度控制系统

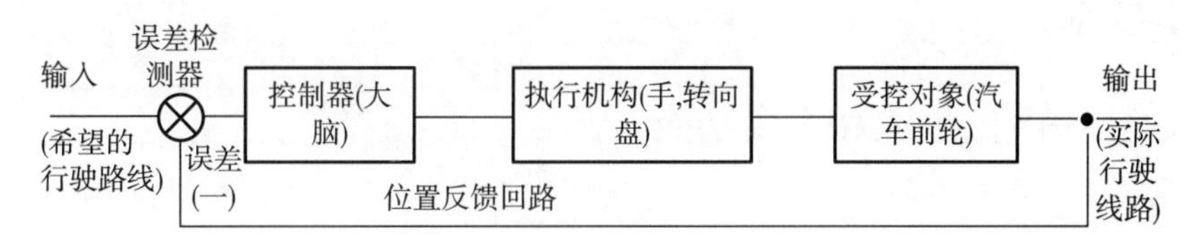

图 2—29　闭环控制系统

3. 复合控制系统

将开环的补偿控制与闭环的按偏差控制结合起来，构成一种新的控制方式——复合控制。复合控制系统是在反馈控制系统的基础上，添加一个按扰动或按参考输入信号补偿的顺馈通道，以提高系统的控制精度。因此它是构成高精度控制系统的一种有效控制方式。

2.6.3　BAS的基础知识

BAS是基于现代控制理论的集散型计算机控制系统，也称分布式控制系统（Distributed control system，简称DCS）。它的特征是“集中管理，分散控制”，即用分布在现场被控设备处的微型计算机控制装置（DDC）完成被控设备的实时检测和控制任务，克服了计算机集中控制带来的危险性、高度集中的不足和常规仪表控制功能单一的局限性。

1. 监控对象

监控对象为车站内的电力、照明、空调、门禁、屏蔽门、环控，给排水、冷水机组、热泵机组。

2. 运行方式

BAS 系统总构架采用分层分布式控制结构，由三层网络组成：中央级监控网络层、车站级监控网络层和底层设备级分散控制网络层。车站级系统通过通信传输系统提供共享以太网通道接入中央级监控网络，构成全线的机电设备监控系统。

3. 按控制功能和权限的分类

BAS 系统实现两级（控制中心级、车站级）管理、三级（控制中心级、车站级、就地级）控制方式。

2.7 BAS 的组成、主要功能、设备和监控内容

知识要求

2.7.1 BAS 的组成和主要功能

1. BAS 中央级

BAS 系统中央级设于控制中心的中央控制室，主要由计算机主机、显示器、打印机、网络 TAP、隧道火灾通风控制盘、中央控制器等组成。中央级具备远程控制功能，通过操作工作站，值班人员可根据实时运行状态向有关车站发出控制指令，实现远程控制。相关技术人员还可以通过工作站对故障设备进行诊断和故障处理，如有软件丢失可自动下载程序，保证系统的运行可靠。中央监控系统设在控制中心，系统建立在开放、高可靠性的冗余局域网上。中央局域网采用开放协议，具有客户/服务器结构，通信速率为 10/100 Mbps。

中央监控系统由中央局域网络构成。网络内包括中央监控系统服务器、监控工作站、后台管理及系统维护工作站、实时事件打印机、制表打印机、大屏幕投影仪接口设备。控制中心的 FAS 系统、信号系统也可联入该计算机局域网，实现资源共享、信息互通。中央监控 EMCS 的系统服务器配置两套网络接口：一套向下联入全线车站设备监控系统（EMCS）专用以太通信网；另一套向上联入中央监控 EMCS 计算机局域网。数据采集与处理功能：通过通信系统提供的主干网络与车站级传递信息，对车站级上传的数据进行记录、计算、统计、分析等。对全线车站及区间内的设备进行实时运行状态巡检并对车站设备的实时状态信息汇总处理，并在此基础上建立设备管理历

史数据库，保存一定时段的监控信息，根据需要生成各种统计报表，打印带时间标签的事件记录，记录各车站主要设备的运行状态，统计设备累计运行时间，实现设备运行时间的均衡，根据运营人员的要求，实现维修及检修的预告警。

BAS 中央级具备远程控制功能：通过操作工作站，值班人员可根据实时运行状态向有关车站发出控制指令，实现远程控制。相关技术人员还可以通过工作站，对故障设备进行诊断和故障处理；如有软件丢失，可自动下载程序，保证系统的运行可靠。BAS 中央级具有彩色动态显示和多级显示功能，如车站综合显示、车站系统的显示、分类画面的显示、环控模式显示等。中央级主要负责监视地下轨道交通线路车站环控设备的状态和地下车站的环境状况并向各地下车站下达控制命令；监视地下各车站通风空调、冷水机组系统、隧道通风系统等设备的运行状态；监视地下各车站及区间隧道给排水设备的运行状态；显示各地下车站各测试点的温、湿度；显示并记录各地下车站通风空调，冷水机组系统，隧道通风系统操作状态；根据列车在区间发生火灾的位置通过隧道火灾通风模拟控制盘下达区间火灾模式命令；根据列车在区间发生阻塞的位置下达区间阻塞模式命令；在 OCC 的监控站上，对于所有的报警信息具有各种类型的报警功能和方式，对于不同级别的报警有不同的显示状态，同时要求有确认的功能，并有数据、时间、确认和处理的记录。对各类报警具有声光报警、报警画面弹出的功能，提醒操作员；对操作信息、报警信息进行实时记录、历史记录；进行故障查询和分析，同时可以自行编辑报表，也可自动生成日、周、月的报表；进行档案资料的记录和存储；具有信息打印功能，能打印各类数据统计报表、操作和报警信息；将车站被控设备运行状态、报警信号及测试点数据及时送至 OCC。

2. BAS 系统车站级

BAS 系统车站级设于车站控制室内，主要由计算机主机、显示器、打印机、网络 TAP、控制器接口、消防报警接口（HLI）等组成。控制器接口通过车站监控系统通信网络与车站监控工作站及控制中心通信，接收控制中心指令并控制现场控制器，同时，将设备运行状态和参数送到车站监控工作站及控制中心。车站控制系统通过网络接口设备向上与中央监控 EMCS 系统连接。

网络接口设备在本车站负责连接车站的监控工作站、控制器及打印机等设备，同时，还要保证车站网络与中央监控系统在不依赖监控工作站的情况下，实现网络通信，在监控工作站出现故障的情况下，应自动将车站设备的工作状态直接向控制中心传递，保证控制中心能对本车站设备进行有效监视，将车站设备转入防灾模式运行。车站级主要监视和控制地下轨道交通线路车站通风空调设备的运行；监视车站给排水设备运行状态；控制和监视所辖区间隧道给排水设备运行状态；按照节能优化要求，确定本车站环控设备最佳运行模式，并执行；按照通风与空调系统环控工艺要求，对车站通风空调设备和区间隧道通风设备进行正常及灾害模式控制运行；实时显示车站机电设备故障；显示车站监视和记录车站根据环控系统的工艺要求测试典型区域测试点的温度、湿度等环境参数。显示记录机电设备的操作状况，产生报警信息和累积运行时间；具有信息打印功能，能打印各类数据统计报表、操作和报警信息；对操作信息、报警信息进行实时记录、历史记录；进行故障查询和分析，同时可以自行编辑报表，也可自动生成日、周、月的报表；进行档案资料的记录和存储。

BAS 系统车站级具有彩色动态显示和多级显示功能，能进行车站综合显示、车站系统的显示、分类画面的显示、环控模式显示等；通过接口设备（PLC 或 HLI）接收车站消防报警系统发送的火灾信息，并根据火警信息内容自动执行相应的火灾通风模式，控制环控设备按照火灾工况运行；将车站被控设备运行状态、报警信号及测试点数据及时送至 OCC，并接受中央级的各种监控指令和运行模式。

3. BAS 现场级

BAS 现场级现场控制器一般集中于环控电控室，部分分散设置于现场被监控设备的附近。轨道交通线路地下车站机电设备自动控制系统的现场控制设备采用 PLC 系统。现场控制器具备软件联锁保护设置；控制被控对象设备顺序动作；系统各种运行参数的采集及存储通过一定的计算，来实现环境和设备优化控制；对中央级、车站级下达的控制指令和控制模式、设定值的更改和其他关联参数的修正，由现场控制器处理后执行。现场控制器接收安装在各测试点内的传感器、检测器的信息，按内部预先设置的参数和执行程序自动实施对相应机电设备的监控，或随时接收监控工作站及中央系统发来的指令信息，调整参数或有关执行程序，改变对相应机电设备的监控要求。

2.7.2 BAS 车站级主要设备

1. 监控工作站

车站监控工作站是车站级的主要监控设备，它负责一切正常及事故情况下，对车站各系统设备的监视、管理、控制指令的发出。监控工作站接入车站局域网，同时接收或处理由 BAS 控制主机上传的设备状态或资料。

2. 紧急后备盘

紧急后备盘（Integrated Backup Panel，简称 IBP 盘）设在车站控制室内，能进行火灾紧急运行模式操作，作为 BAS 工作站外的备用设备。在控制中心控制、车站监控和

IBP盘控制三种运行方式中，IBP盘控制具有最高的中断优先权。

2.7.3 BAS的监控内容

目前，BAS系统现场控制器控制设备的物理形式为继电器接点的断开与闭合，输出点以数字量输出（DO），作用是控制风机、空调机、水泵等设备的启动和停止，控制电动风阀、卷帘门的开启和闭合。另一种模拟量输出（AO）作用是对冷水二通阀、电动风阀进行调节控制，对照明设备进行控制。现场控制器接收反馈信号以数字量输入（DI）、数字量报警输入（DA）、模拟量输入（AI）三种形式接收。数字量输入（DI）主要是监视风机、空调机、水泵、风阀和卷帘门的运行状态；数字量报警输入（DA）主要是监视重要设备的故障状态，水池的超高水位报警；模拟量输入（AI）主要是接收温、湿度传感器的温度及湿度参数的输入，对所监视设备电压、电流进行监控。这三种输入的物理形式均为电压、电流的大小。

1. 空调机组

空调机组的基本配置：开、关控制（DO）；开、关状态显示（DI）；过载报警（DA）；过滤网状态显示及报警（DA）。

2. 隧道风机

隧道通风系统的基本配置：事故风机、推力风机的启停控制（DO），正转控制（DO）；事故风机、推力风机状态的显示（DI），过载报警（DA）。

3. 送/排风机

送/排风机的基本配置：启停控制（DO：启、停）；启停状态（DI）；故障报警（DA）。

4. 调节/联动风阀和防火阀

（1）电动风阀。开关控制（DO：开、关）；开关状态（DI：开到位、关到位）。

（2）电动防火阀。开关控制（DO：开、关）；开关状态（DI：开到位、关到位）。

2.7.4 其他系统

1. 应急照明

应急照明主要监控车站公共区照明、广告照明、出入口照明应按运营时间指定运行时间表，以车站监控系统控制为主，根据消防要求切换照明。

2. 自动扶梯

自动扶梯主要监视车站扶梯、电梯运行状态（上、下行运行状态（DI）；故障报警）。

3. 给排水

给排水主要监控各种排水泵、废水泵、区间水泵运行状态水位高低及水泵累计运行时间。

4. 动力

低压配电系统开关状态的监视；低压进线电流、电压、频率的监视。

理论知识复习题

一、单选题

1. 防火卷帘是一种（　　）的防火分隔物。

A. 活动　　B. 固定

C. 自动　　D. 以上选项都不正确

2. 防火阀是指安装在（　　）起阻火作用的阀门。

A. 隧道　　B. 出入口

C. 设备和管理用房区域　　D. 空调通风系统的管道上

3. 车站消防报警系统的探测点不分布在（　　）。

A. 站厅　　B. 站台　　C. 管理用房　　D. 厕所

4. 车站气体灭火系统设在重要的设备用房，实现对此类房间（　　）的火灾监视及自动灭火的功能。

A. 运营期间　　B. 运营结束后　　C. 12 h　　D. 24 h

5. FAS 车站级的主要作用是（　　）。

A. 火灾监视　　B. 消防联动

C. 火灾监视和消防联动　　D. 火灾监视、消防联动和自动报警

6. 在控制系统的中（　　）是可控的。

A. 输入量　　B. 输出量

C. 输入量和输出量　　D. 输入量、输出量和扰动量

7. 下列系统中，（　　）不属于开环控制系统。

A. 步进电动机的控制　　B. 简易电炉炉温调节

C. 简易水位调节　　D. 卫星发射控制系统

8. 根据补偿对象的不同，复合控制系统有（　　）种类型。

A. 一　　B. 两　　C. 三　　D. 四

9. BAS按控制功能和权限的不同可以分为（　　）。

A. 车站级和中央级　　B. 就地级和车站级

C. 就地级和中央级　　D. 中央级、车站级和就地级

二、判断题

1. FAS主机显示面板和操作面板的作用是收集、处理数据。(　　)

2. FAS主机中的消防电话主机提供了消防电话总线，能响应现场电话的通话要求并通过消防电话主机与其通话。(　　)

3. 地铁车站常用的气体灭火系统有二氧化碳灭火系统、卤代烷灭火系统和烟烙尽气体灭火系统。(　　)

4. 卤代烷灭火系统主要有1211灭火系统和1301灭火系统，车站采用的主要是1211灭火系统。(　　)

5. 确保消防设备的安全是消防系统运行管理的任务之一。(　　)

6. 只有一个输入量和一个输出量的系统是单变量控制系统。(　　)

7. 复合控制是将开环的补偿控制与闭环的按偏差控制结合起来的控制系统。(　　)

8. 机电设备监控系统是将城市轨道交通沿线车站及区间的环控、低压、照明、给排水、屏蔽门等设备，以集中监控和科学管理为目的而构成的综合自动化系统。(　　)

9. OCC意为运行控制中心，是地铁每条线路的控制中心。(　　)

理论知识复习题参考答案

一、单选题

1. A　2. D　3. D　4. D　5. C　6. C　7. D　8. B　9. D

二、判断题

1. ×　2. √　3. √　4. ×　5. √　6. √　7. √　8. ×　9. √

第3章 环控系统

学习目标

- ✔ 了解环控系统的分类、组成和功能。
- ✔ 了解环控系统的主要设备。
- ✔ 了解环控系统的运行与管理。
- ✔ 熟悉环控系统设备的操作。

知识要求

3.1 环控系统的分类、组成、功能与主要设备

地铁环控系统是地铁工程中的一个重要组成部分，环控系统的主要作用是对地铁的环境空气进行处理，在正常运行期间为地铁乘客提供一个舒适、良好的乘车环境，并为工作人员提供必要的安全、卫生、舒适的环境条件，同时对车站各种设备和管理用房按工艺和功能要求提供满足要求的环境条件，为列车及设备的运行提供良好的工作条件。当地铁内发生火灾、毒气事故时，环控系统能提供新鲜空气、及时排除有害气体，为人员撤离事故现场创造条件，显然，其重要性是不言而喻的。

3.1.1 环控系统的分类、组成和功能

1. 大系统

（1）制冷空调循环水系统。制冷空调循环水系统通常在采用空气—水系统的车站大系统和小系统中运用。车站大系统中制冷空调循环水系统主要由冷水机组、冷冻/冷却水泵、冷却塔、分水器、集水器、管道和阀件等组成。目前也有用大系统制冷空调循环水带小系统的设计。制冷空调循环水系统主要由风冷热泵/单冷机组、冷冻水泵、管道和阀件等组成。

（2）车站公共区制冷空调通风系统（兼排烟）。车站公共区制冷空调通风系统通常采用集中式全空气系统，主要由组合式空调箱，回排风机，兼站厅、站台排烟、全新

风机、空调新风机、调节阀、防火阀等组成。

2. 小系统

车站设备及管理用房空调通风系统（兼排烟）通常采用局部集中式全空气系统（变风量系统），局部空气—水系统（风机盘管系统），局部空气冷却系统（VRV 系统和小型空调机）等。其中局部集中式全空气系统主要由热泵/单冷机组、变风量空调箱、新风机、排风机（兼排烟）、调节阀、防火阀等组成。局部空气—水系统（风机盘管系统）主要由热泵/单冷机组、风机盘管、排风机（兼排烟）、送风机等组成。局部空气冷却系统主要由 VRV 室内和室外机、送风机、排风机（兼排烟）或分体式小空调机组成（注：由于存在安全隐患，分体式小空调机目前在地下车站已不采用）。

3. 区间隧道机械排风系统

（1）区间隧道活塞风系统。在车站两端为每一区间隧道设有活塞/机械通风系统，包括活塞风井、活塞风阀、活塞/机械风阀等，目前最常用的活塞风道净面面积为 16 m^2，其通风原理是利用列车在区间隧道运行时对隧道内空气的前压后吸活塞效应来进行通风换气，区间隧道的降温和区间列车新风必须依靠活塞风井进行换气。

（2）区间隧道机械通风系统。在某些情况下需要对区间隧道进行强制通风时必须采用车区间隧道机械通风系统，通常在车站两端活塞风道（或中间风井）内设置隧道风机，以便区间冷却、事故和火灾通风时运行。地下线路内若设置渡线、存车线、联络线等配线，正线气流较难组织，通常还设置辅助通风设备，如射流风机、喷嘴等。

4. 车站区间排热系统

为了将列车产热及时排至地面，在车站区间设置排热系统（UPE/OTE 系统），由排热风机、车轨上部排热风道和站台下部排热风道组成。车轨上部排热风道上设置成组风口，正对列车空调冷凝器；站台下部排热风道上设置成组风口，正对列车刹车制动装置，将列车停站时散发的热量直接排至地面。

3.1.2 环控系统的空调机组

空调机组是地铁环控系统中空气集中处理设备，可完成对空气的多种处理功能，包括对空气进行过滤、冷却、加热、去湿、消声、新风和回风混合等。地铁地下车站夏季空调工况时，通常由冷水机组提供 7～12℃的冷冻水送至空调机组的表冷器，经与空气进行热交换后，再回到冷水机组，被冷水机组冷却后，再送回空调机组的表冷器，完成一个冷冻水的冷却循环。经过空调机组表冷器冷却后的空气由空调机组内的离心式风机送至站厅和站台。

空调机组是箱式模块化结构，由各功能段模块组装而成，在各功能段上还设有通道门，便于维修及运行操作人员进入检查和修理。

1. 空调机组的功能段

（1）进风段。空调机组有两个进风段，一个进风段在空调季节投入运行，另一个进风段在通风季节投入运行。空调进风段上有两个进风口，分别与空调新风口及回风口相连接，在风口上安装有防火阀和电动调节阀。防火阀在正常运行时常开，一旦发生火灾，由4120防火报警系统给信号而关闭，也可由操作人员手动关闭。电动调节阀起风量调节作用。在通风季节，关闭空调新风口电动调节阀和回风口电动调节阀。在空调季节，关闭全新风电动调节阀，打开空调新风口电动调节阀和按一定比例开度的回风口电动调节阀。空调进风段位于空调机组表冷段的前面。通风进风段位于空调机组表冷段的后面。在通风进风段上有全新风口，风口上装有电动调节阀，此阀在通风季节开启，在空调季节关闭。

（2）过滤段。空调机组有两个过滤段，一个过滤段在空调季节投入运行时对空调新风及回风的混和风进行除尘过滤。另一个过滤段在通风季节投入运行时对全新风进行除尘过滤。

（3）表冷段。空调机组的表冷段内安装有表冷器，在表冷器的底部有冷凝积水盘，积水盘与存水弯相连接，便于冷凝水排出机组。表冷器的进出水管分别与冷冻水的进出水管相连接。在表冷器的后面还装有挡水板，以防止冷凝水流入机组的其他段内。在空调季节，表冷段投入运行，应打开进出水管上的阀门，以保证冷冻循环水的畅通。

（4）风机段。空调机组的风机段内安装有一台离心式风机，其作用是将经过表冷器冷却后的空气或全新风送至站厅、站台。离心风机通过传动带由电动机带动，离心风机支承在机架的带座轴承上。

（5）消声段。空调机组的消声段内安装有片式消声器，其目的是降低送风噪声。

（6）送风段。空调机组的送风段是将经表冷器冷却或新风送至站厅、站台。送风段与送风管相连接。在送风段的送风口上装有电动风阀，以平衡、调节站厅及站台的送风量。

2. 风机

地铁环控系统中，使用两类风机，即轴流风机和离心风机。轴流风机的特点是风压较低，风量较大，噪声相对较大。离心风机的特点是风压高，风量可调，噪声相对较低。在地铁环控系统中，按风机的用途和作用可分为：地铁区间隧道用的事故冷却风机；通风季节用的全新风机；空调季节用的空调新风机、回排风机；空调及通风季节用的排热风机；设备用房送风机及排风机；管理用房送风机、排风机；主变电站、牵引变电站、降压变电站用的送风机及排风机等风机，排风机一般兼作排烟、排毒风机。此外，地铁车站在重要场所还设有排烟、排毒风机。

（1）事故风机。在地铁车站的两端，设有四台事故冷却风机，负责地铁区间隧道的通风。事故冷却风机是轴流风机，有立式和卧式两种，大部分车站采用卧式，只有机房尺寸受到限制时，才采用立式。事故冷却风机在下列三种情况发生时，才投入运行。

1）地铁列车在区间隧道阻塞时，启用事故冷却风机向阻塞隧道输送新风。但是必须同时开启相邻两车站的风机，一台向隧道送风，另一台从隧道排风。如衡山路站北端事故冷却风机送风，则常熟路站南端事故风机排风。如装有区间隧道推力风机的区段，可直接开启该区段推力风机进行送风，如二号线就利用推力风机进行列车阻塞情况下送风。

2）地铁列车在区间隧道内发生火灾时，启用事故冷却风机向隧道进行送排风。送排风方式根据火灾工况既定的模式而定，决定送排风方向的因素有列车的运行方向、着火点位置和人员的疏散方向。二号线区间隧道火灾工况除相邻车站的事故风机进行送排风外，排风端的车站内回排风机也参与排烟。

3）当地铁隧道温度超过35℃时，在列车夜间停运期间，启用事故冷却风机向隧道进行冷却通风，必须同时开启相邻两车站的风机，一台向隧道送风，另一台从隧道排风。

（2）排热风机。排热风机设在车站两端，其作用是排走地铁列车在停站区间散发的热量。排热风机是轴流风机，它分别与上排热风管及下排热风道相连接。上、下排热风管和风道上分别装有防火阀，在发生火灾时，可以进行运行调节。

（3）回排风机。回排风机是地铁车站中央空调的通风设备，其作用是在空调季节，从站厅、站台排走空气，一部分送回空调机组，与空调新风混合后，经表冷器冷却后被重新送到站厅、站台；另一部分被排至地面。回排风机在通风季节的作用是从站厅、站台排走空气，直接排放到地面。

（4）全新风机。全新风机是地铁车站在通风季节的通风设备，其作用是将地面的新风输送到空调机组，通过空调机组再送至站厅、站台。

（5）空调新风机。空调新风机是地铁车站中央空调的通风设备，其作用是在空调季节向站厅、站台补充新鲜空气。空调新风机向空调机组输送新风，与回风混合后经表冷器冷却，由空调机组送至站厅、站台。

3. 阀门

在地铁环控系统中，阀门被广泛地应用在工况调节、流量控制、防火排烟等系统中。阀门按大类可分为风阀及水阀。风阀被大量地应用到通风系统及中央空调系统中。水阀主要应用在冷却循环水和冷冻循环水中。

通风、空调系统中的风阀主要用来调节风量，平衡各支管或送、回风口的风量及启动风机等；另外还在特别情况下关闭和开启，达到防火、排烟的作用。

常用的风阀有蝶阀、多叶调节阀、插板阀、三通调节阀、光圈式调节阀、防烟防火阀等。

3.2 环控系统的运行管理

1. 由主管部门制定各环控设备的运行操作管理规程，运行操作人员必须严格执行各环控设备的运行操作规程，不得擅自更改和违反，各设备均应有明确的操作规程文本。

2. 车站环控设备的操作人员必须经过培训合格，取得上岗证方可操作。

3. 操作人员必须按规定的时间巡查和记录各环控设备运行状态，发现异常和问题，必须按相应规程要求处理。

4. 车站负责人、环控操作人员和相关人员必须熟悉所管理设备的位置和运行状态，能及时处理可能导致设备损坏的故障。

5. 每天必须保持环控设备及环境的整洁。

3.2.1 运营管理的有关规程和制度

1. 环控系统运行管理的要求

环控系统的运行方式通常分为正常状态运行和非正常状态运行方式。正常状态运行可分为空调季节和通风季节两种运行方式。其中空调季节又可根据新风和送风的干、湿温度有多种运行方式。由于地面车站和地面高架车站只设有小系统，因此，后文中公共区域和区间隧道环控系统的运行方式均指地下车站。

2. 通风季节运行工况

(1) 只有排风系统的设备管理用房全年按通风工况运行。

(2) 只有公有独立的送排风系统的设备管理用房应按通风工况运行。通常当上海地区送风温度低于15℃时，可只开排风机，关闭送风机；也可视设备用房的具体情况、当地气候条件等在满足设备环境质量要求的前提下灵活调整。

（3）采用各类小空调进行空气调节的设备管理用房，当室内温度低于30℃时，应将小空调机置于送风模式下运行。对有特殊要求的设备和管理用房除外。

（4）有独立送排风系统且有小空调、VRV等进行空气调节或采用变风量空调箱进行集中送排风的设备和管理用房，通常当上海地区外界温度高于等于15℃或低于30℃时，应采用通风工况。当送风温度低于15℃时，可只开排风机，关闭送风机；也可视设备和管理用房的具体情况、当地气候条件等在满足设备和人员环境质量要求的前提下灵活调整。对有特殊要求的设备和管理用房除外。

3. 空调季节运行工况

（1）条件

1）当室外温度高于等于30℃时，应采用空调工况。室内温度控制范围原则上设置在27～28℃，特殊的设备用房根据要求可设置在25～26℃。

2）特殊的设备和管理用房，可根据具体要求全年在空调工况下运行。

（2）启用设备

1）通风工况。各类小空调机、VRV、送风机、排风机、变风量空调箱及各类调节风阀。

2）空调工况。单冷空调机、热泵空调机、VRV、送风机、排风机、风冷单冷机组、风冷热泵机组、变风量空调箱及各类调节风阀等。

（3）通风和空调工况各类设备运行要求

设备运行要求应根据设备工况、设备和管理用房需求、当地气候情况等确定。上海地铁某号线设备运行要求见表3—1。

表3—1　设备和管理用房正常状态运行方式下设备运行的要求

工况	设备名称	时间		要求
		运行开始	运行结束	
通风工况	各类小空调机	—	—	1. 置于“通风”状态 2. 当回风温度低于15℃时关机
	送风机	开	关	
	排风机	开	关	—
	变风量空调箱	开	关	—
	各类风阀	常开或比例开		—

续表

工况	设备名称	时间		要求
		运行开始	运行结束	
空调工况	单冷空调机	—		按具体要求时间开、停，温度设定在27～28℃或25～27℃
	风冷单冷机组	—		同上
	热泵空调机	—		夏季同上，冬季24℃±1℃
	风量热泵机组	—		同上
	送风机	开	关	—
	排风机	开	关	—
	变风量空调箱	开	关	—
	各类风阀	常开或比例开		—

3.2.2 环控系统设备的巡视与运行

1. 巡视的一般要求、内容

日常巡视与检查应根据地铁车站环控系统设备布置情况分期设置实施，具体可分为环控电控室、空调机房和风机房、水系统设备、消防报警设备（FAS）、机电控制设备（BAS）、公共区设备等。巡视与检查的周期根据不同车站设备的布置、设备使用情况、监测和监控系统的功能情况等确定，目的是通过预防性巡视与检查，确保设备安全运行。

2. 环控电控室巡视内容

（1）检查环控模式是否正确。

（2）一类、二类负荷电源的电压是否正确、正常。

（3）各类动力设备电控柜电压及运行电流是否正确、正常。

3. 空调机房和风机房巡视内容

（1）检查空调机组运行时，有无异常声音或振动。

（2）检查空调机组风机电流是否在电机规定范围内，以产品标牌为准。

（3）检查空调机组运行时，各通道是否关闭，有无损坏、漏风。

（4）检查空调机组内传动带是否松紧适宜，有无脱落、磨损、损坏。

（5）检查空调机组过滤网是否清洁。

（6）在空调季节时，检查空调机组，表冷器是否清洁，冷凝水是否排出顺畅，机内有无积水，进出水温差与压差是否正常。

（7）检查空调机组运行电流有无异常，并在记录表上记录巡视与检查情况数据。

4. 空调水系统巡视内容

（1）检查冷冻水和冷却水进出水流量、压力是否符合冷水机组要求。

（2）检查冷水机组供电电源电压是否符合机组要求 380（1±10%）V。

（3）检查冷水机组电流、高压、油压、油温、油位、低压、蒸发器和冷凝器进出水温度是否在机组运行范围内。

（4）检查日操作记录表，记录是否完整，有无异常情况和数据。

（5）检查冷却塔布水是否均匀正确，水量是否正常，有无异常振动。

（6）检查冷却塔风机旋转方向是否正确，电流是否在运转范围内，以产品标牌为准。

（7）检查冷却塔浮球工作是否正常，塔体是否漏水，补水箱水位是否正常。

（8）检查冷却塔填料是否完好，填料上方有无异物，进出风是否顺畅。

（9）检查冷却塔电机传动带有无损坏、脱落、磨损。

5. 公共区域及设备用房设备巡视内容

（1）风管和风口有无异响，保温层有无破损，风口百叶是否松脱、振动。

（2）各类水管有无漏水，保温层有无破损。

（3）水消防设备是否正常。

（4）自动扶梯运行是否正常。

（5）各类照明系统是否完好。

3.2.3 安全规范

1. 维修人员必须具有劳动局认可的相关等级证书、安全操作证书方可操作。
2. 根据维修工作内容要求，严格参照各设备厂家维修技术规范进行相应维修。
3. 维修电气部分设备时，必须按照低压配电维修规程要求操作，确保人身安全。
4. 维修更换的零部件，必须为该设备厂家认可或可替换使用的零部件。
5. 如需动用明火或涉及地铁安规，必须严格按照地铁安规，办理有关手续。
6. 只有获得批准，方可施工。
7. 做好维修全过程记录。

3.3 环境自动控制系统的操作

3.3.1 公共区域通风系统的操作

1. 点击设备 KT－I1，弹出设备属性框如下，如图 3—1 所示。

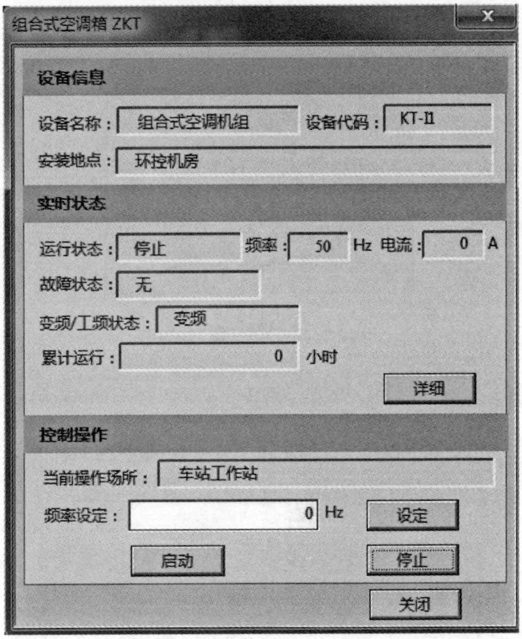

图 3—1　KT－I1 设备属性框

弹出框标题：组合式空调箱 ZKT，组合式空调机组为设备名称，KT－I1 为设备代码，环控机房为安装地点。

该空调机组的运行状态有三种：异常状态、运行状态、停止状态。如果此设备当前处于停止状态，可以点击“启动”按钮使该设备运行；如果此设备处于运行状态，可以点击“停止”按钮使该设备停止运行。

需注意的是，在执行启动/停止控制操作时需要满足一些条件，如当前操作场所必须为车站工作站，设备必须处于单控等（至于模式控制与单控的切换参见后面章节）。如果此设备当前操作场所为就地或处于模式控制，点击“启动”或“停止”按钮将弹出提示框，如图 3—2 所示。

图 3—2　提示框（一）

2. 除此之外，在“启动”该空调时，如果和它具有连锁关系的风阀未开，将弹出提示框，如图 3—3 所示。

图 3—3　提示框（二）

3. ZKT 组合式空调机箱的启动/停止按钮的操作与小新风机 KXF 类似，但有一点不同：ZKT 属于变频风机，在“启动”时还需要判断频率范围，如果在给定频率为 0 ~ 50 Hz 的情况下将允许启动，并弹出提示框，如图 3—4 所示。

图 3—4　提示框（三）

3.3.2　管理区域通风系统的操作

点击设备 XPF－XI2，弹出设备属性框如图 3—5 所示。

通过属性框标题可看出设备名称为排风机，设备代码为 XPF－XI2，安装地点为小通风机房。

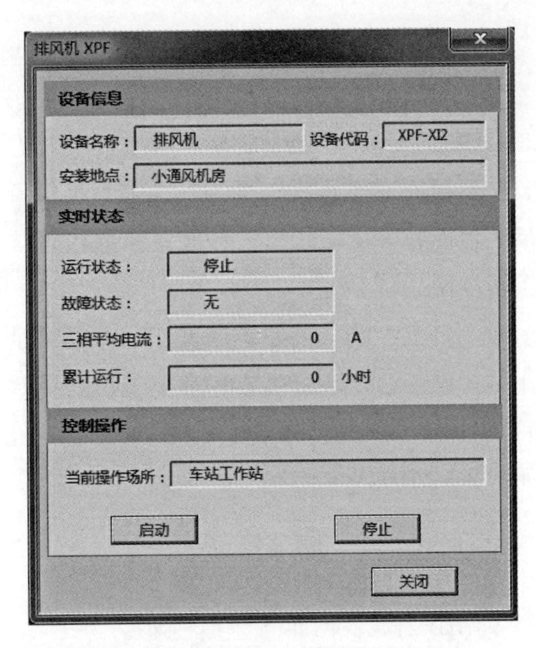

图 3—5　XPF 设备属性框

3.3.3　隧道区间通风系统的操作

1. 点击设备 TVF－I1，弹出设备属性框如图 3—6 所示。

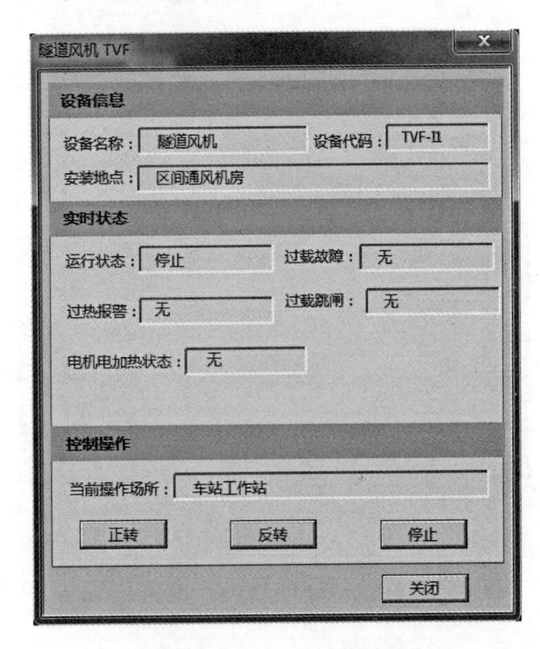

图 3—6　TVF－I1 设备属性框

通过属性框标题可看出设备名称为隧道风机，设备代码为 TVF－I1，安装地点为区间通风机房。

该风机的运行状态有四种：异常状态、正转状态、反转状态、停止状态。如果此风机当前处于正转状态，不可立即进行反转控制，必须先进行停止控制，然后再进行反转。同理，如果此风机当前处于反转状态，不可立即进行正转控制，必须先进行停止控制，然后再进行正转控制。

2. 需注意的是，在执行正转/反转/停止控制操作时需要满足一些条件，如当前操作场所必须为车站工作站，设备必须处于单控等（至于模式控制与单控的切换参见后面章节）。如果此设备当前操作场所为就地或处于模式控制，点击“启动”或“停止”按钮将弹出提示框，如图 3—2 所示。

3.3.4 排热系统的操作

点击设备 UOF－I，弹出设备属性框如图 3—7 所示。

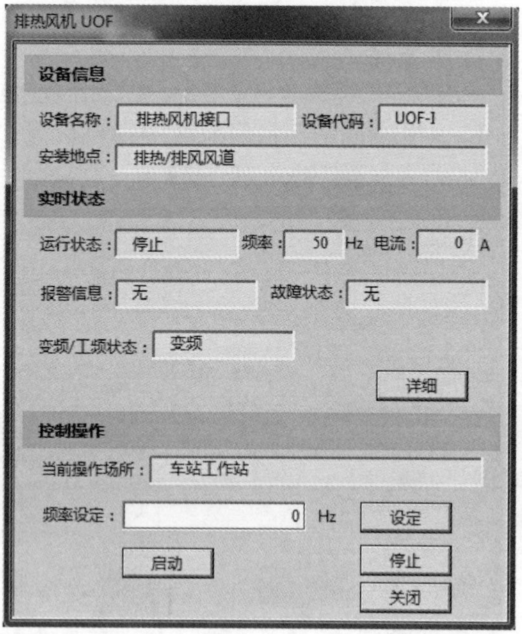

图 3—7　UOF－I 设备属性框

通过属性框标题可看出设备名称为排热风机，设备代码为 UOF－I，安装地点为排热/排风风道。

该风机的运行状态有三种：异常状态、运行状态、停止状态。

3.3.5 工况切换的操作

点击标题栏“大系统”，进入该画面，如图3—8所示。

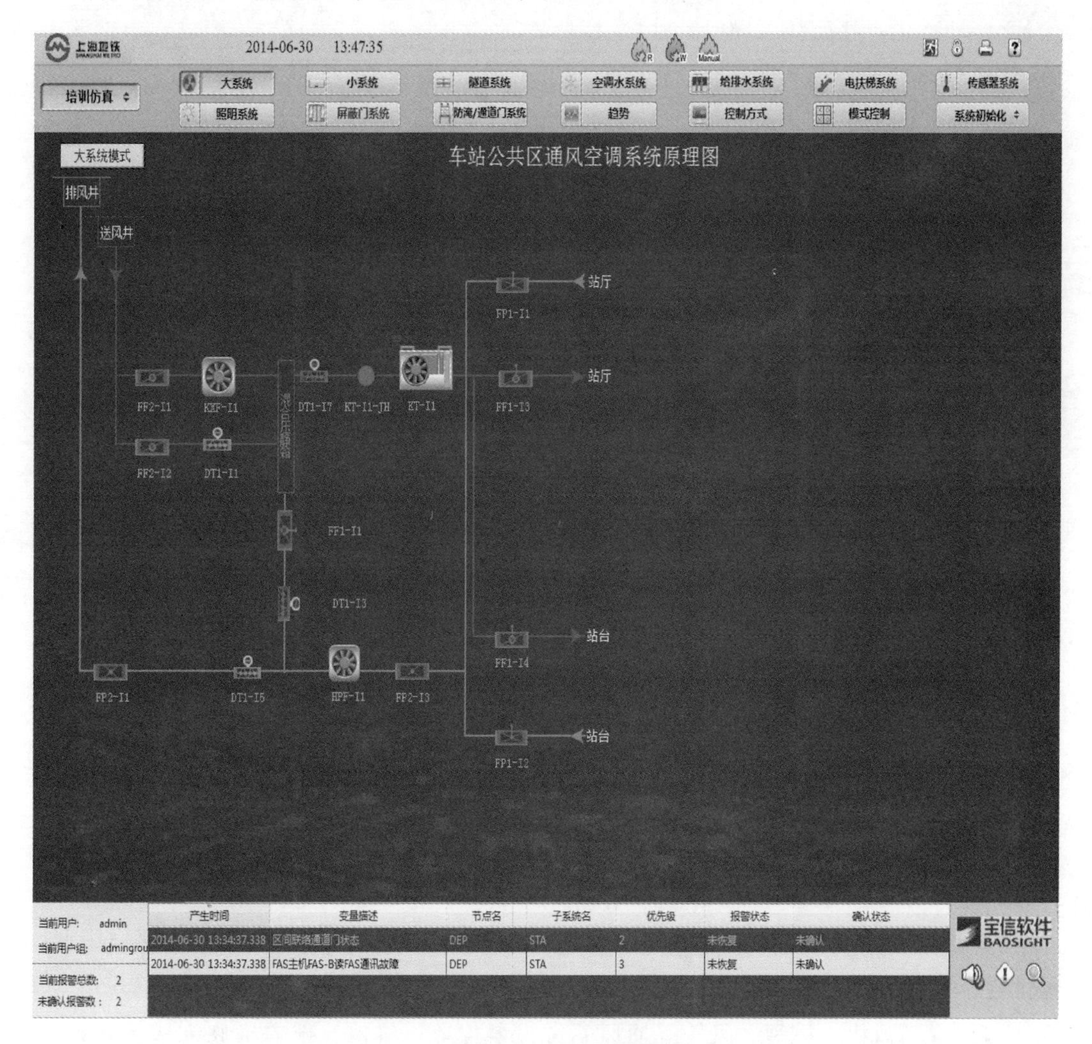

图3—8 显示画面

主要设备见表3—2。

表 3—2　　主要设备参照表

系统	监控对象	监控对象说明
通风空调大系统	组合式空调机组（ZKT）	变频、工频控制及状态，就地（现场）和远方（EMCS）状态，模式控制，频率设定，过载信号报警，变频器故障报警等
	小新风机（KXF）	运行、停止控制及状态，就地（现场）和远方（EMCS）状态，模式控制，过载信号报警等
	回/排风机（HPF）	变频、工频控制及状态，就地（现场）和远方（EMCS）控制状态，模式控制，频率设定，过载信号报警，变频器故障报警等
	电动风量调节阀（DDT）	开关控制及状态，就地（现场）和远方（EMCS）状态，模式控制，故障信号等
	组合式风阀（DDZ）	开关控制及状态，就地（现场）和远方（EMCS）状态，模式控制，故障信号等
	防烟防火阀（FF2）	关到位
	排烟防火阀（FP2）	关到位
	电动防烟防火阀（FF1）	开关控制及状态，模式控制等
	电动排烟防火阀（FP1）	开关控制及状态，模式控制等

3.4　通风设备的操作

3.4.1　风机的操作

1. 操作前检查

（1）检查可见风机叶轮与机壳，应不发生碰撞。风机前后装安全网罩的应无损坏。

（2）检查风机的地脚螺栓或固定螺栓，应无松动，风机的吊架、托架、减振装置应无损坏和松动。

（3）对风机前后可见风道进行检查，如有异物、堵塞，应清除异物、排除堵塞，保证进、出风须畅，进、出口风源清洁。

（4）在对风机、风阀、风管等通风系统设备保养、维修，保养维修完毕，必须检查是否有异物落入，确保无异物。

（5）检查电机保护装置是否正确设定在电机安全运行的电流值内，电机应按接线图正确连接。

（6）对 15 kW 以上的风机应做好热敏、热继保护及主回路等方面检查工作，并做好表格记录，确保开机顺利进行。

（7）对于首次操作或经修复后的风机必须做好下列检查：

1）运行前运行人员应用500 V兆欧表简单测量电机绕阻。

2）用500 V摇表对电机绝缘电阻的测量（可在电源抽屉出线电缆端测量如阻值超过规定值，可进行操作并做好阻值记录。如阻值低于规定值应停止操作，须上报调度，对电机进行干燥等处理。

（8）执行上述检查内容，应一切正常，方可进入下一步操作；否则应停止风机的运行操作，通知调度，待排除故障或异物后，方可进入下一步操作。

（9）完成上述检查，设备等一切正常，调整好风阀状态和电器控制位置，确认正确后先点动一下风机，在各部件和转向完全正常情况下，方可投入运行。

（10）风机的电器控制状态应放在“环控”位置。

2. 操作要求

（1）对每日正常开停运行的风机，可直接按要求操作。

（2）对于首次使用，经检修后修复、停用或定期使用的风机需经操作前检查，全部正常后方可按操作要求操作。

（3）风机启动时，任何人都不得靠近叶轮。

（4）风机启动操作时，一般在监控主机上进行，也可在环控电控室MNS柜上进行，但对功率15 kW以上且不带软启动装置或没有远程电流监测的电机的风机原则上要求在环控电控室操作，以监视风机启动电流及运行电流，保证风机的安全运行。

（5）风机启动时，当启动电流在规定时间内没有回落到运行电流值或启动电流不正常及运行电流偏大时，应立即停机检查，发生热敏、热继保护等须详细记录在运行报表上，通知调度，排除故障后，方可恢复操作。

（6）风机启动正常，三相运行电流应在电机额定电流值范围内。如果运行电流超过电机额定电流值，应立即停机，查找原因，通知调度，排除故障后，方可恢复操作。

（7）风机连续运行时，应无不正常声音，如有强烈的振动、异常声音时，应立即停机，通知调度，排除故障后，方可恢复操作。

（8）电机热敏、热继整定不得随意改变，须经主管工程师认可才可操作，并做好记录（紧急情况除外）。

（9）风机在启动过程中，如电机保护装置动作，应通知调度，排除故障后，方可恢复操作。故障未排除前，严禁对保护装置进行复位后再次启动。

（10）对15 kW以上大功率电机的风机每次启动的时间间隔应大于10 min，可逆风机，正向停止转速达到规定后，方可逆向操作。风机每小时启动次数最多不超过以下规定：

1）直接启动：冷电机4次，暖电机3次。

2）γ/△，其他软启动：冷电机3次，暖电机2次。

（11）有电加热装置的风机

1）风机电源抽屉应常送电，以确保加热回路正常工作，确保随时投入运行（检修除外）。

2）启动风机前，要关掉静止加热回路电源开关。在火灾工况或紧急情况下可不关电加热器。风机停运期间，应合上电加热开关，使电机处于加热状态，以防电机受潮。

（12）事故冷却风机试验时，同一车站风机不得同时启动，风机应错开运行时间。

（13）事故冷却风机在运行中，应连续不间断地监视运行电流，每隔半小时记录一次三相运行电流。在进行隧道冷却正常运行时与其他风机应每隔2 h记录一次三相运行电流。

（14）正常情况下，按通风或空调季节操作各类风机。

（15）非正常状态下，接调度的指令操作事故风机，如在设备用房、站厅和站台发生火灾，按火灾工况划分的区域操作相应的风机。

3.4.2 风阀的操作

1. 操作前的检查

（1）检查风阀操作机构是否灵活，配件是否齐全，有无松脱现象。

（2）检查风阀上是否有异物，连杆系统各紧固处是否有松动现象。

（3）风阀的电器控制状态应放在“环控”位置。

2. 操作要求

（1）风阀应有专人操作，检修人员因调试或检修需要操作阀门时，应与操作人员取得联系。其他人员未经许可不得随意操作。

（2）操作人员应根据环控运行工况要求，决定各风阀的开启与关闭。电动调节风阀的操作可在监控主机上进行，也可在环控电控室或现场手操箱上操作，但各类风阀的状态必须到现场予以确认。只有确认符合工况状态要求，方可进入风机的操作。在环控电控室和就地手操箱操作时，操作完成后，检查确认当前MNS柜和就地手操箱的开关位置是否符合当前操作控制方式。

（3）区间隧道冷却和区间隧道内列车阻塞或发生火灾时，在自动控制无效时操作人员必须按调度的指令进行操作，在工况状态指令决定后，操作组合比例阀门的开启与关闭。

（4）手动操作风阀，先拔出执行器上手动摇杆，并折弯成90°，手柄顺时针方向旋转为开启风阀；逆时针方向旋转为关闭风阀。

（5）电动操作风阀，按动控制箱上开启按钮，开启风阀：按动关闭按钮，关闭风阀。

3. 注意事项

（1）防火、防烟风阀动作后，当故障排除后，系统进入正常运行工况，有复位要求的阀门，应及时进行复位。

（2）风阀在动作过程中，不允许进行切换操作。如一定要换向，则应按动紧停按钮后，待叶片停转后，再按动启动或关闭按钮换向。

3.4.3 事故风机的操作

1. 操作前的检查

（1）对风机前后及风道进行检查，发现异物应清理后方可操作。

（2）用500 V兆欧表对电机的绝缘电阻进行测量，如测试值小于10 MΩ，应停止操作。

（3）风机风阀的电器控制状态应放在“环控”位置。

（4）做好热敏、热继保护及主回路等方面的检查，并做好相应记录。

（5）调整好风阀的状态，并到现场确认。

2. 操作要求

（1）风机试验应在夜间地铁列车运营结束后进行，事故风机试验因涉及正线作业，应提前办理要点申请，并得到批准方可执行。

（2）风机运行试验前，首先应由运行当班人员向调度汇报，在征得调度允许后方可施行。

（3）风机试验一般应在控制主机上进行，当控制主机不能操作时，应到环控电控室进行操作。

（4）启动风机前，要关掉静止加热回路电源开关。

（5）事故风机每月试验一次，应先开排风，后开送风，送排风运行试验时间各15 min，送、排转换停机时间：10 min或风机转速下降到30%。

（6）风机试验结束后，应合上电加热开关，风阀恢复到原来位置。

（7）做好风机试验过程中的有关数据记录。

3. 注意事项

(1) 同一车站的事故风机试验应避免在同一时间内启动。

(2) 车站同端的事故风机应错开试验时间。

3.5 制冷设备的操作

3.5.1 冷水机组的操作

1. 启动前的准备工作主要有以下内容

(1) 检查压缩机。

(2) 检查压缩机曲轴箱的油位是否符合要求,油质是否清洁。

(3) 通过储液器的液面指示器观察制冷剂的液位是否正常,一般要求液面高度应在示液镜的1/3~2/3处。

(4) 开启压缩机的排气阀及高、低压系统中的有关阀门,但压缩机的吸气阀和储液器上的出液阀可先暂不开启。

(5) 检查制冷压缩机组周围及运转部件附近有无妨碍运转的因素或障碍物。对于开启式压缩机可用手盘动联轴器数圈,检查有无异常。

(6) 对具有手动卸载能量调节的压缩机,应将能量调节阀的控制手柄放在最小能量位置。

(7) 接通电源,检查电源电压。

(8) 调整压缩机高、低压力继电器及温度控制器的设定值,使其指示值在所要求的范围内。压力继电器的压力设定值应根据系统所使用的制冷剂、运转工况和冷却方式而定,一般在使用R22制冷剂时,高压设定范围为1.5~1.7 MPa。

(9) 开启冷媒水泵、冷却水泵使蒸发器中的冷媒水循环起来。

(10) 开启空调通风系统回路设备。

(11) 检查制冷系统、水系统、风系统有无异常,如有异常,故障排除后方可执行开机操作。

2. 开机操作

对于装有全自动控制装置的冷水机组可直接按机组要求程序进行开机操作。对于手动控制系统则可按下述程序进行:

（1）启动准备工作结束以后，向压缩机电动机瞬时通、断电，点动压缩机运行2～3次，观察压缩机电动机启动状态和转向，确认正常后，重新合闸正式启动压缩机。

（2）压缩机正式启动后逐渐开启压缩机的吸气阀，注意防止出现“液击”的情况。

（3）同时缓慢打开储液器的出液阀，向系统供液，待压缩机启动过程完成，运行正常后将出液阀开至最大。

（4）对于设有手动卸载能量调节机构装置的压缩机，待压缩机运行稳定以后，应逐步调节卸载能量调节机构，即每隔15 min左右转换一个挡位，直到达到所要求的挡位为止。

（5）在压缩机启动过程中应注意观察：压缩机运转时的振动情况是否正常；系统的高、低压及油压是否正常；电磁阀、自动卸载能量调节阀、膨胀阀等工作是否正常等。待这些项目都正常后，启动工作结束。

3. 停机操作

对于装有自动控制系统的压缩机由自动控制系统来完成，对于手动控制系统则可按下述程序进行：

（1）在接到停止运行的指令后，首先关闭储液器或冷凝器的出口阀（即供液阀）。

（2）待压缩机的低压压力表的压力接近于零，或略高于大气压力时（在供液阀关闭10～30 min后，视制冷系统蒸发器大小而定），关闭吸气阀，停止压缩机运转，同时关闭排气阀。如果由于停机时机掌握不当，而使停机后压缩机的低压压力低于0时，则应适当开启一下吸气阀，使低压压力表的压力上升至0，以避免停机后，由于曲轴箱密封不好而导致外界空气的渗入。

（3）停冷媒水泵、回水泵等，使冷媒水系统停止运行。

（4）在制冷压缩机停止运行10～30 min后，关闭冷却水系统，停止冷却水泵、冷却塔风机工作，使冷却水系统停止运行。

（5）关闭制冷系统上各阀门。

（6）为防止冬季可能产生的冻裂故障，应将系统中残存的水放干净。

4. 制冷设备的紧急停机和事故停机的操作

制冷设备在运行过程中，如遇下述情况，应做紧急停机处理。

（1）突然停电的停机处理。制冷设备在正常运行中，突然停电时，首先应立即迅速关闭系统中的供液阀，停止向蒸发器供液，避免在恢复供电而重新启动压缩机时，造成“液击”的故障。接着应迅速关闭压缩机的吸、排气阀。恢复供电以后，可先保持供液阀为关闭状态，按正常程序启动压缩机，待蒸发压力下降到一定值时（略低于正常运行工况下的蒸发压力），可再打开供液阀，使系统恢复正常运行。

（2）突然冷却水断水的停机处理。制冷系统在正常运行工况条件下，因某种原因，突然造成冷却水供应中断时，应首先切断压缩机电动机的电源，停止压缩机的运行，以避免高温高压状态的制冷剂蒸汽得不到冷却，而使系统管道或阀门出现爆裂事故。之后关闭供液阀及压缩机的吸、排气阀，然后再按正常停机程序关闭各种设备。在冷却水恢复供应以后，系统重新启动时可按停电后恢复运行时的方法处理。但如果由于停水而使冷凝器上的安全阀动作过，就还须对安全阀进行试压一次。

（3）冷媒水突然断水的停机处理。制冷系统在正常运行工况条件下，因某种原因，突然造成冷媒水供应中断时，应首先关闭供液阀（储液器或冷凝器的出口控制阀）或节流阀，停止向蒸发器供液态制冷剂。关闭压缩机的吸气阀，使蒸发器内的液态制冷剂不再蒸发或蒸发压力高于 0 时制冷剂相对应的饱和压力。继续开动制冷压缩机，使曲轴箱内的压力接近或略高于 0 时，停止压缩机运行，然后其他操作再按正常停机程序处理。当冷媒水系统恢复正常工作以后，可按突然停电后又恢复供电时的启动方法处理，恢复冷媒水系统正常运行。

（4）火警时紧急停机。在制冷空调系统正常运行情况下，空调机房或相邻建筑发生火灾危及系统安全时，应首先切断电源，按突然停电的紧急处理措施使系统停止运行。同时向有关部门报警，并协助灭火。当火警解除之后，可按突然停电后又恢复供电时的启动方法处理，恢复系统正常运行。制冷设备在运行过程中，如遇下述情况，应做故障停机处理：

1）油压过低或油压升不上去。

2）油温超过允许温度值。

3）压缩机气缸中有敲击声。

4）压缩机轴封处制冷剂泄漏现象严重。

5）压缩机运行中出现较严重的液击现象。

6）排气压力和排气温度过高。

7）压缩机的能量调节机构动作失灵。

8）冷冻润滑油太脏或出现变质情况。

制冷装置在发生上述故障时，采取何种方式停机，可视具体情况而定，可采用紧急停机处理，或按正常停机方法处理。

3.5.2 空调箱的操作

1. 操作要求

（1）对每日正常开停运行的空调箱，可直接按要求操作。

（2）对首次使用，经检修后修复、停用的空调箱需经操作前检查，全部正常后，方可按要求进行操作。运行时应先启动空调箱离心风机，再启动其他风机，设置有轻载启动装置的除外（如软启动装置）。

（3）空调箱风机启动前，操作人员必须离开风机段，关闭通道门，方可启动风机。

（4）空调箱风机启动和运行时，要注意观察和监测启动电流和运行电流，电流异常或有异声、异味、异常振动要立即停机，在故障排除后方可运行。

2. 注意事项

（1）操作人员如要进入风机段进行工作，必须先关闭风机，将送电柜断开或将就地启动装置放在停止位置，并挂好警示牌，风机停止转动，确认安全无误后，方可打开通道门，进入风机段。

（2）对于单冷系统的空调箱，空调工况结束后，运行通风工况时应将空调箱表冷器内的水放尽，防止冬季表冷器换热管由于新风温度低于0℃而冻裂。

（3）空调箱在运行中，应经常注意风机运行状况。风机轴承每月加注一次润滑油，每月检查一次传送带的松紧程度和传动件状况。

3.5.3 空调箱的检查

1. 检查空调箱各功能段内部是否清洁，清除各功能段内的杂物。

2. 检查机组内叶轮与壳体有无碰擦，旋转是否灵活，旋转方向是否正确。

3. 检查风机与电动机的地脚螺栓是否牢固，减振器受力是否均匀。

4. 检查风机轴承温度，不得超过60℃。

5. 检查准备加入的润滑油的名称、型号是否与要求一致，并按规定操作方法加注额定量的润滑油。

6. 检查传动带松紧是否正常，有无脱落、断裂。

7. 空调工况，应检查空调箱表冷器各组供水阀、回水阀是否开足，进出水压力等有否异常。

8. 检查空调箱进出风阀位置是否按要求打开，防止出现不正常高压或负压而使箱体变形，甚至损坏空调箱。

3.5.4 两管制空调温控器的检查

当因传感器精度等外部原因引起测量的温度显示值有误差时，可进入测量值数字补偿设定状态，对测量值进行校正，如图 3—9 所示。

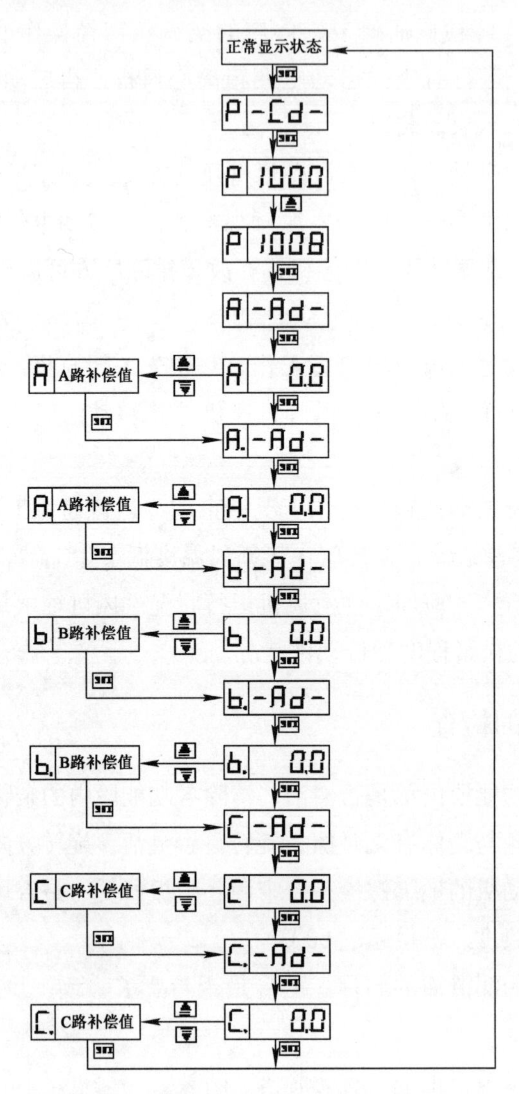

图 3—9 两管制空调温控器检查调试流程

3.5.5 四管制空调温控器的检查

可以通过数字设定，模拟测量温度的变化，对温控器的输出状态及对应触点进行检测，如图3—10所示。

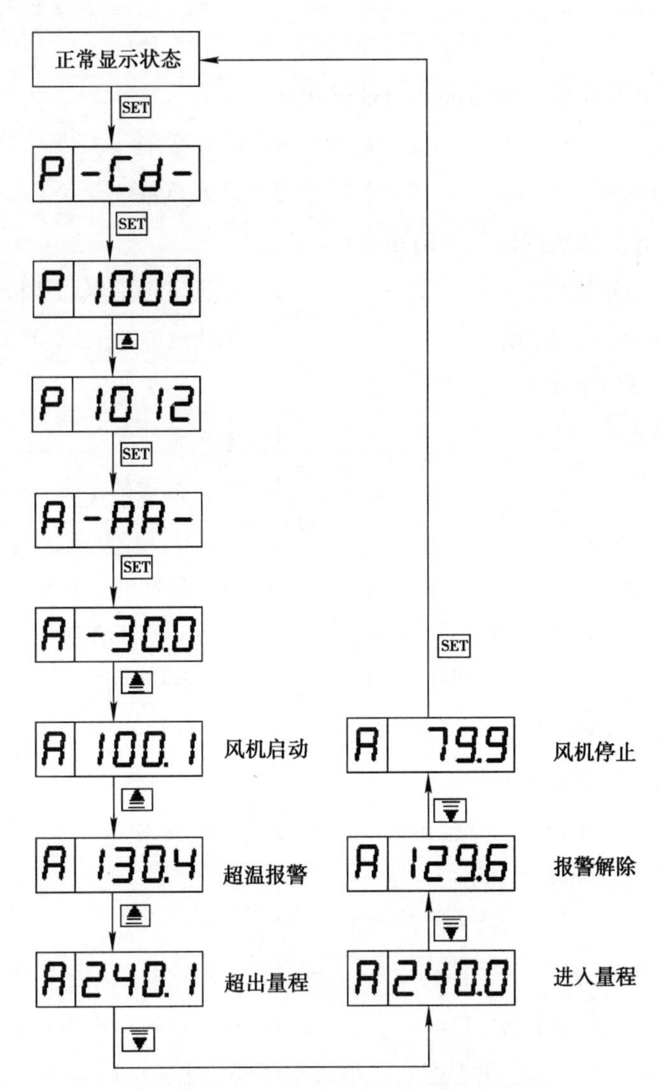

图3—10 四管制空调温控器检查调试流程

理论知识复习题

一、单选题

1. 地下车站环控系统可分为屏蔽门系统和（　　）。

A. 开式系统　　B. 闭式系统
C. 非屏蔽门系统　　D. 活塞风系统

2. 下列关于排热风机说法错误的是（　　）。

A. 排热风机是轴流风机　　B. 排热风机是离心风机
C. 排热风机设在车站两端　　D. 排热风机设在车站两端的上行和下行

3. 水阀主要应用在（　　）中。

A. 冷却循环水　　B. 冷冻循环水
C. 给排水系统　　D. 以上答案都正确

4. “三不动”指的是（　　）。

A. 未联系登记好不动　　B. 对设备性能、状态不清楚不动
C. 正在使用中的设备不动　　D. 以上答案都正确

5. 下列情况中，（　　）不属于冷却、冻水泵正常使用要求。

A. 水泵润滑油足够
B. 水泵电机工作温度正常
C. 水泵进出水压压差在正常范围内，压力波动幅度较大
D. 水泵无异响、无异常振动

6. 下列情况中，（　　）属于冷却塔正常使用要求。

A. 封山带松紧度合适　　B. 布水槽有积垢，但布水均匀
C. 支架及电机有轻微松动　　D. 冷却水进、出水温差超过正常范围

7. 下列情况中，（　　）属于柜式、吊式空调器的正常使用要求。

A. 空气过滤网定期清洗、无堵塞
B. 空调检修门无漏风，但有轻微变形
C. 运行时柜内无异响但有轻微振动
D. 电机运行电流不超过额定电流，发现异常必须先确认故障点

8. 下列情况中，(　　) 属于风阀的正常使用要求。

A. 风阀框架有轻微变形

B. 风阀执行器与连杆连接紧密，转动灵活，偶尔有松脱或打滑

C. 风阀执行器动作与环控电控柜指示动作一致

D. 风阀叶片无松脱，有轻微变形

9. 环控系统设备的巡视主要包括：环控电控室、(　　)、公共区域和设备用房的巡视。

A. 空调机房　　　　B. 风机机房

C. 空调水系统　　　　D. 以上答案都正确

10. 环控电控室巡视内容中，(　　) 的巡视不属于重点巡视内容。

A. 环控模式

B. 一、二类负荷电源

C. 隧道风机电控柜

D. 站厅、站台空调机和各类风机电控柜

二、判断题

1. 车站的站厅、站台公共区空调通风系统，简称为车站空调通风小系统。(　　)

2. 空调机组有一个过滤段，在空调季节和通风季节投入运行，起到除尘和过滤的作用。(　　)

3. 空调新风机是地铁车站中央空调的通风设备，其作用是在空调季节向站厅、站台补充新鲜空气。(　　)

4. 防火阀是防火阀、防火调节阀、防烟防火阀、防火风口等的总称。(　　)

5. 机组外观无变形，支座弹簧平衡、风机和各部件紧固是组合式空调机正常使用要求。(　　)

6. 空调水系统巡视内容中各类蝶阀、阀体属于重点巡视内容。(　　)

7. 风阀被大量地应用到通风及中央空调系统中。(　　)

8. 回排风机在通风季节的作用是从站厅、站台排走空气，直接排放到地面。(　　)

9. 在地铁车站的两端，设有两台事故风机，负责地铁区间隧道的通风。(　　)

10. 区间隧道机械通风系统通常在车站两端活塞风道（或中间风井）内设置隧道风机，便于区间冷却、事故和火灾通风时运行。(　　)

理论知识复习题参考答案

一、单选题

1. C　2. B　3. D　4. D　5. C　6. A　7. A　8. C　9. D　10. A

二、判断题

1. ×　2. √　3. √　4. √　5. √　6. ×　7. √　8. √　9. ×　10. √

第4章 给水排水系统

学习目标

- ✔ 了解车站消防系统的基本术语。
- ✔ 了解车站供水与排水的原理。
- ✔ 了解水泵、水阀的操作。

4.1 基础知识—系统术语

知识要求

4.1.1 给水排水系统术语

1. 管径

管径即管子外径与内径的平均值，有公制和英制两种计量单位。

2. 水压

水压即水的压力，它的方向总是垂直于接触面，单位：兆帕（MPa）。

3. 蝶阀

蝶阀又叫翻板阀，是一种结构简单的调节阀，可用于低压管道介质的开关控制。

4. 电动蝶阀

电动蝶阀一般由电动执行机构和蝶阀组成，可接收并执行远程监控系统发出的控制指令。

5. 闸阀

闸阀的阀芯与管道中通过的水流轴向垂直是以做切割水流的运动来开、闭的阀门，在消防设施中很常见，闸阀一般有明杆式闸阀和暗杆式闸阀之分。

6. 止回阀

止回阀是最常见的控制水流方向的阀门，又称逆止阀和单向阀，启闭件靠介质流动和力量自行开启或关闭，以防止介质倒流，通常用于水泵的进、出水位置或有特殊要求的位置，如图4—1所示。

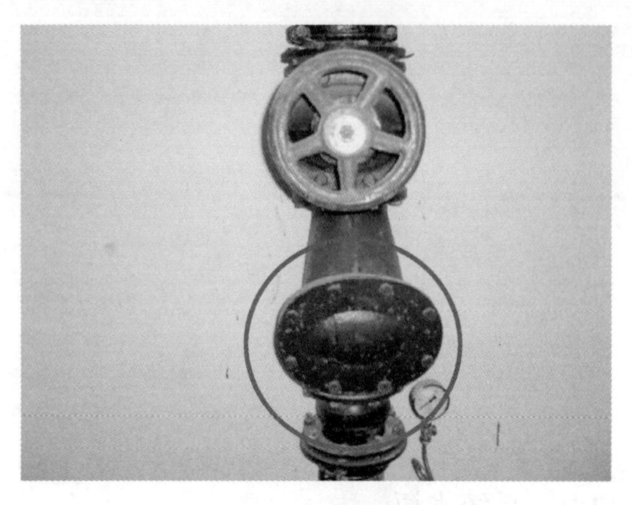

图4—1　止回阀

7. 压力表

压力表是指以弹性元件为敏感元件，测量并指示高于环境压力的仪表，应用极为普遍，由于机械式压力表的弹性敏感元件具有很高的强度以及生产方便等特性，使得其得到越来越广泛的应用。压力表常用单位为兆帕（MPa）。

8. Y形过滤器

Y形过滤器是一种过滤装置，通常安装在阀门及设备的进口端，用来清除介质中的杂质，以保护阀门及设备的正常使用。Y形过滤器具有结构先进、阻力小、排污方便等特点。

9. 集水池

集水池是汇集、储存废水和污水的水池，通常设有潜水泵用以排水。一般有出入口集水池、污水池、主废水池、风井集水池等。

10. 水泵

水泵是一种能提高水的流动能量，以克服水在运输过程中的能量损失并能将水输送到足够高地方的电动力设备，是利用动力机把机械能传给水体并使其排出的装置。

根据水泵在地铁中的使用位置和性能的不同，将其分成以下几类：

（1）清水泵：作为消防泵和空调冷却、冷冻循环水泵。

（2）排污泵：作为污水池（厕所水通过管道汇集到污水泵房的污水池）、出入口集水井和风井集水的排水泵等。

（3）CP 型排水泵：用于区间中间的泵房和废水泵房的排水等。

（4）移动式排水泵：可移动至需要排水的地方工作。

（5）其他清水泵、排水泵等。

11. 消火栓

消火栓（或称消防栓，见图 4—2）是一种固定式消防设施，其主要作用是控制可燃物、隔绝助燃物、消除着火源，分室内消火栓和室外消火栓。室内消火栓通常安装在消火栓箱内，与消防水带和水枪等器材配套使用。其公称通径 DN50、DN65 两种，公称工作压力为 1.6 MPa。

图 4—2　地面消火栓

4.1.2　轨道交通车站给水排水系统术语

1. 废水和污水

车站废水指的是受一定污染、来自生活和生产的废弃水，主要包括结构渗漏水、冲洗废水、消防废水、敞开部位的雨水、车站站厅层和站台层的冲洗废水。

车站污水指的是车站内厕所等污水由排水管道汇集至污水池的水。

2. 轨道交通给水排水系统的组成

轨道交通的车站给水排水系统是由给水系统和排水系统两部分组成的，给水系统又分为车站消火栓系统、车站水喷淋系统、车站高压细水雾系统、车站生活水系统、车站冷却冷冻水循环系统。

3. 轨道交通车站给水系统

地下车站生活生产给水由车站附近的大口径自来水管道引出，并在地面上设有水表井，井内装有水表和阀门。供水管道一般沿车站风道、出入口等部位进入车站，管道在车站内呈枝状形式布置。车站站厅层供水管道安装在靠墙的顶部。车站站台层供水管道安装在站台板下。车站站厅层、站台层设有冲洗水箱。地铁车站一般均采用以上所述的直接供水方法。

直接供水方式有以下优缺点：

（1）供水较可靠、系统简单、投资省、安装维护简单。

（2）可充分利用城市自来水管网水压，节省能源。

（3）由于车站内部无备水量，外部管网停水时车站内部立即断水。

4.2 车站给排水系统的组成和功能

知识要求

4.2.1 车站给水系统的组成和功能

1. 生产/生活给水系统的组成

地下车站的生活、生产给水管道一般沿车站风井、出入口等处与消防供水管道一起进入地下车站，车站设有站内总阀门。然后一路管道沿站厅层顶部两侧延伸至车站两端。另一路由车站一端向下穿入站台层站台板下，给水管道沿着站台板下向车站另一端延伸。车站除卫生设备用水、空调设备用水、生活用水外，在车站站厅层两侧和站台层扶梯旁等处均设有冲洗栓，供车站冲洗用。在水泵房环控机房等处均设有水龙头。

部分车站采用低位水池、高位水箱和水泵等组成的供水方式。该供水方式由城市自来水管网供水。在低位水池内设有浮球阀控制水池内的储水量。再由水泵将水提升至高位水箱内，在高位水箱内设有水位控制装置，控制水泵运行，保证高位水箱恒有一定的水量。当车站停电停水时该供水方式可延时供水，供水可靠，供水压力稳定。但该系统设备投资较大，设备安装、维护、保养较烦琐。

2. 消防给水系统的组成

地下车站的消防给水根据车站附近市政自来水管网实际情况，采用两路进水方式供应。在有条件下尽量采用分别由两根市政自来水管道上引出水源。当车站附近只有一根市政自来水管道，则在市政自来水管道上加设一个阀门，并在两侧引出两根进水管道引入车站。总进水管道为DN200，两路管道在地面设有水表井和阀门。

3. 站厅站台的消火栓箱

站厅站台的消火栓箱（见图4—3）由水带、水枪、消防启泵按钮、自救盘、水管、阀门等组成。站厅站台的消火栓箱通常设置两支多功能水枪。

图4—3　站厅站台的消火栓箱

4. 车站设备区域的消火栓箱

车站设备区域的消火栓箱由水带、水枪、消防启泵按钮、自救盘、水管、阀门等组成。车站设备区域的消火栓箱通常设置一套DN25 自救式软管卷盘。

5. 区间隧道的消防箱

区间隧道每隔50 m设置一个消防箱。

6. 消防给水系统的管压

消防给水系统通过设置两台消防泵来保证消防水压、水流的要求。

7. 区间消防

车站消防系统由市政上水管道二路供水。管道从地面首先进入消防泵房内，经增压水泵增压。管道出消防泵房后在车站内形成环网布置，并与相邻上、下行线区隧道内的消火栓管道联通。当本站消火栓增压水泵不能工作或二路消防供水断水时，则可由相邻两个车站的消火栓增压水泵增压供水。一旦区间发生火灾，车站监控系统远程开启电动蝶阀，保证区间消防水压、水量。

8. 消防地栓

消防地栓主要供消防车从市政供水管网或室外消防给水管网取水实施灭火，也可以直接连接水带、水枪出水灭火。所以，室内外消防地栓系统也是扑救火灾的重要消防设施之一。根据环境条件，消防地栓可分为地上式、地下式、墙壁式。

9. 水泵接合器

每一车站一般设置两个消火栓接合器，两个水泵接合器（见图4—4），安装在车站出入口或风井旁。其作用是连接消防车机动泵等消防水出水管向地铁车站内外输送消防用水。

图4—4 水泵接合器

4.2.2 车站排水系统的组成和功能

1. 污水排放系统的组成与功能

污水排放系统的组成：集水池（或污水密闭提升装置）、污水管道（涂黑色）、污水泵、闸阀单向阀压力表等管道附件，压力井地面市政化粪池。功能：污水排放系统的功能是将车站厕所污水通过排水管道汇集到集水井后，经潜水泵提升到化粪池简单处理后排入城市污水管网。污水池设在污水泵站下部。每个车站一般设有一座污水泵站，设有两台 AS 型潜水泵，平时一用一备（互为备用），该水泵与出水管道无须螺栓连接。

水泵采用水位就地控制，自动排水运行，并不设第二开泵水位浮球，车站控制室内可显示水泵运行情况。污水经水泵提升后一般排入设在地面的化粪池内。

2. 废水排放系统的组成与功能

（1）废水排放系统组成：车站主废水池（集水池）、废水管道（涂黑色）、废水泵（集水泵）、闸阀单向阀压力表等管道附件，地面市政废水（雨水）压力窨井。

（2）废水排放系统功能：排水管道将车站内的废水、结构漏水汇集到集水池，经潜水泵提升到压力井消能后排入城市污水网管。车站废水主要包括结构渗漏水，冲洗废水，消防废水、敞开部位的雨水、车站站厅层和站台层的冲洗废水。

一般车站内设1~2座废水泵站，位置均设在车站的端头，集水池设在废水泵层下部。每座泵站内设2~3台CP型立式排水泵。平时两台水泵互为备用，消防时两台并联使用，排出消防废水。废水由排水泵提升后排入市政下水管道。排水泵站排水管道一般沿车站进风处穿出车站后与市政下水道联通。集水池下设有反冲洗管，作用于冲集水池底部，减少池内杂物沉淀。在排水管道的止回阀两端设有一根联通管道，作用于反冲洗水泵的叶轮及吸水口，防止泵吸水口叶轮堵塞。

泵站设有就地控制箱和液体浮球，根据集水池情况自动排水，当高水位时两台排水泵均自动排水，一般集水池内设有停泵浮球、第一开泵水位浮球、第二开泵水位（高水位）浮球、低水位浮球、高水位报警浮球共五个。车控室计算机显示水泵运行：开泵、停泵、运行时间、低水位报警、高水位报警等情况。

4.3 车站给水排水系统的运行管理

知识要求

4.3.1 车站给水排水系统运行管理的任务和内容

车站给水排水管理任务：地铁供水管道均应保证不间断供水。任何人不得任意改变供水管道的阀门状态，必须保证地铁正常运营。通过对车站给水排水系统设备的操作维护、保养、维修，使之能持续高效地运行。

车站给水排水管理内容：管理和操作必须熟悉给水排水系统各设备的性能。

合理组织人员按规程操作，合理组织人员按规程维护设备，合理组织人员按规定周期对设备进行检测。管理和操作必须了解车站排水给水系统的结构、工艺、运行环境要求。

按地铁运行要求，车站的运行人员必须了解地铁供水系统，掌握供水管道走向布置和阀门位置。若设备巡视中发现供水系统设备漏水，应及时准确地将漏水部位、漏水量、对环境的影响等情况上报调度员，同时执行上级指令。设备维修或设备漏水（漏水程度直接影响地铁运营）的情况下需关闭供水管道阀门的，必须事前请示调度员，待调度员下令关闭供水管道阀门后，方可关阀。为保证地铁的正常运行，一般将上述维修工作安排在夜间进行。

4.3.2　车站给水排水系统设备运行管理

1. 潜水泵的运行管理

地铁各潜水泵站均按自控排水状态运行，设备正常运行时操作人员按规定定期巡检设备，巡检时应手控操作排水，以检查排水系统设备运行是否正常。随后将就地电控箱上的转换开关复位至自控排水装置，并认真记录设备运行情况。当遇到汛期和暴雨时，操作人员应加强设备巡视工作。若发现排水泵自控失灵，立即采取手控操作排水，不允许集水池水溢出。若发现设备发生故障，应立即报告调度员。当集水池内水位达到中水位程度时两台潜水泵同时开启。

2. 水消防设备的运行管理

各消防设备均应保持良好的状态，以备随时投入使用。平时车站运行操作人员应定期巡视检查设备，若发现故障，应及时准确汇报故障情况。任何人不得随意改变消防供水管网的状态，全部消防供水管网的阀门均应开启并开启至最大位置。因此，操作人员应熟悉消防供水管道的阀门位置、管道走向、设备现状，每月定期进行消火栓系统设备的联动喷放检查和水喷淋系统设备的联动喷放检查，做好设备检查记录，以上设备检查均应在保证地铁正常运营的前提下进行。车站消防设施应建立完善的巡视、检查、登记制度，每周至少巡视一次。

（1）区间排水处理操作

1）立即关闭该隧道两端的消火栓供水阀门，切断水源，查明情况后上报调度员，执行调度员指令。

2）检查人员进入隧道查明跑水原因，关闭跑水点两端供水阀门，打开其余被关闭的阀门。

3）视管道损坏情况，采用快速堵漏装置或其他方法修复管道，恢复消防供水。

（2）车站跑水处理操作

1）关闭跑水点两端的阀门，切断水源。

2）必要时切断本车站的消火栓系统管网水源。

①关闭消防泵房内两台消火栓增压水泵的出水口阀门（即切断市政自来水管的供水）。

②关闭车站通向四个区间隧道内消火栓管道的阀门（即切断车站与区间隧道内消火栓管道的水流）。

3）查明跑水原因，关闭跑水点两端阀门，打开其余被关闭的阀门，修复管道，恢复供水。

（3）水喷淋供水管道跑水处理操作

1）立即关闭车站内全部水喷淋系统的供水阀门，然后关闭水喷淋系统的两台增压水泵出水口阀门，将水喷淋增压水泵设置于手动位置。

2）查明跑水原因，关闭跑水点两端阀门，打开其余被关闭阀门、修复设备，恢复供水。

（4）水喷淋恢复供水宜在地铁列车停运后进行，以防水喷淋喷水影响地铁正常运营。

3. 自动清洗过滤器的运行管理

自动清洗过滤器是在水处理行业应用比较广泛的设备，其简单的设计以及良好的性能使污水达到最佳的过滤效果。自动清洗过滤器无须外接任何能源就可以自动清洗过滤，自动排污。

自动清洗过滤器是一种利用滤网直接拦截液体中的杂质、漂浮物、颗粒物等，同时降低水的浊度，减少污垢，同时保障后面设备正常工作及使用寿命的精密设备，它具有可自动排污的特点。自动清洗过滤器开机时须同时打开进水阀和出水阀。自动清洗过滤器使用时应注意观察浊水腔和清水腔压力表是否正常。

4.3.3 安全规范

生活饮用水管道的配水件出水口应符合下列规定：出水口不得被任何液体或杂质淹没；出水口高出承接用水容器溢流边缘的最小空气间隙，不得小于出水口直径的2.5倍；特殊器具不能设置最小空气间隙时，应设置管道倒流防止器或采取其他有效的隔断措施。

技能要求

4.4 泵房设施、设备的操作

4.4.1 出入口废水泵的操作

1. 观察电控箱水位刻度，观察电控箱内电压表、电流表是否正常。

2. 将手自动转换开关置于“手动”位置，按1号水泵启动按钮，如图4—5所示。

图4—5 1号水泵启动按钮

3. 观察电流表读数是否正常，指示灯是否正常，水位刻度是否下降，1号水泵出水处压力表是否有压力，水泵是否有异响。1号水泵压力表读数如图4—6所示。

图4—6 1号水泵压力表读数

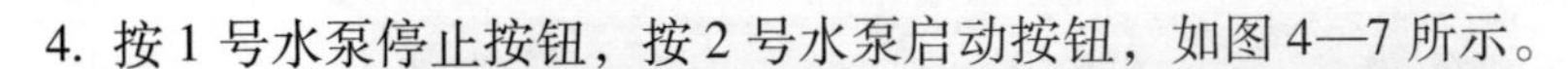

4. 按1号水泵停止按钮，按2号水泵启动按钮，如图4—7所示。

图4—7　2号水泵启动按钮

5. 观察电流表读数是否正常，指示灯是否正常，水位刻度是否下降，2号水泵出水处压力表是否有压力，水泵是否有异响。2号水泵压力表读数如图4—8所示。

图4—8　2号水泵压力表读数

6. 在停泵水位处按2号水泵停泵按钮，观察水位刻度是否有大幅度上升现象（是否回水），如图4—9所示。

7. 把手自动转换开关置于“自动”状态。

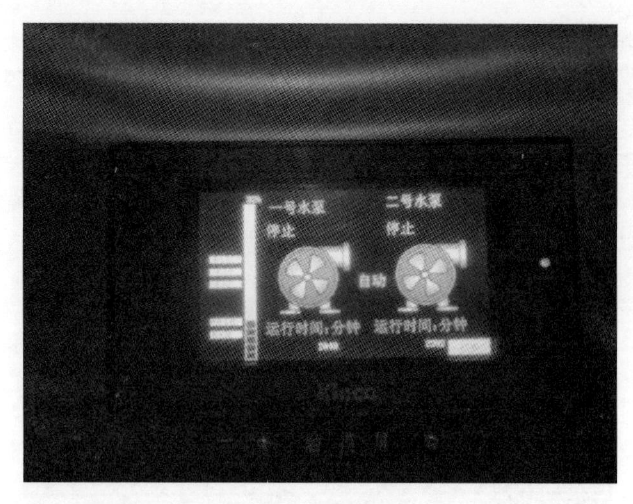

图4—9　水位状态

4.4.2　风井废水泵的操作

1. 观察电控箱水位刻度，观察电控箱内电压电流表是否正常。

2. 把手自动转换开关置于“手动”位置，按1号水泵启动按钮。

3. 观察电流表读数是否正常，指示灯是否正常，水位刻度是否下降，1号水泵出水处压力表是否有压力，水泵是否有异响。

4. 按1号水泵停止按钮，按2号水泵启动按钮。

5. 观察电流表读数是否正常，指示灯是否正常，水位刻度是否下降，2号水泵出水处压力表是否有压力，水泵是否有异响。

6. 在停泵水位处按2号水泵停泵按钮，观察水位刻度是否有大幅度上升现象（是否回水）。

7. 把手自动转换开关置于“自动”状态。

4.4.3　区间废水泵的操作

1. 观察电控箱水位刻度，观察电控箱内电压电流表是否正常。

2. 把手自动转换开关置于“手动”位置，按1号水泵启动按钮。

3. 观察电流表读数是否正常，指示灯是否正常，水位刻度是否下降，1号水泵出水处压力表是否有压力，水泵是否有异响。

4. 按1号水泵停止按钮，按2号水泵启动按钮。

5. 观察电流表读数是否正常，指示灯是否正常，水位刻度是否下降，2 号水泵出水处压力表是否有压力，水泵是否有异响。

6. 在停泵水位处按 2 号水泵停泵按钮，观察水位刻度是否有大幅度上升现象（是否回水）。

7. 把手自动转换开关置于“自动”状态。

4.4.4 废水泵房的操作

1. 观察电控箱水位刻度，观察电控箱内电压电流表是否正常。

2. 把手自动转换开关置于“手动”位置，按 1 号水泵启动按钮。

3. 观察电流表读数是否正常，指示灯是否正常，水位刻度是否下降，1 号水泵出水处压力表是否有压力，水泵是否有异响。

4. 按 1 号水泵停止按钮，按 2 号水泵启动按钮。

5. 观察电流表读数是否正常，指示灯是否正常，水位刻度是否下降，2 号水泵出水处压力表是否有压力，水泵是否有异响。

6. 在停泵水位处按 2 号水泵停泵按钮，观察水位刻度是否有大幅度上升现象（是否回水）。

7. 把手自动转换开关置于“自动”状态。

4.4.5 污水泵房的操作

1. 观察电控箱水位刻度，观察电控箱内电压电流表是否正常。

2. 把手自动转换开关置于“手动”位置，按 1 号水泵启动按钮。

3. 观察电流表读数是否正常，指示灯是否正常，水位刻度是否下降，1 号水泵出水处压力表是否有压力，水泵是否有异响。

4. 按 1 号水泵停止按钮，按 2 号水泵启动按钮。

5. 观察电流表读数是否正常，指示灯是否正常，水位刻度是否下降，2 号水泵出水处压力表是否有压力，水泵是否有异响。

6. 在停泵水位处按 2 号水泵停泵按钮，观察水位刻度是否有大幅度上升现象（是否回水）。

7. 把手自动转换开关置于“自动”状态。

理论知识复习题

一、单选题

1. 管径即管子外径与内径之（　　）。

A. 差　　B. 和　　C. 积　　D. 平均值

2. 水压即水的压力，它的方向总是（　　）接触面。

A. 平行于　　B. 垂直于

C. 指向　　D. 以上答案都不正确

3. 蝶阀是一种结构简单的调节阀，可用（　　）管道介质的开关控制。

A. 低压　　B. 中低压　　C. 中高压　　D. 高压

4. 闸阀闸板的运动方向与水流方向（　　）。

A. 平行　　B. 垂直　　C. 成45°角　　D. 成60°角

5. 集水池是汇集、储存废水和污水的水池，通常设有（　　）用以排水。

A. Y形过滤器　　B. 潜水泵　　C. 闸阀　　D. 止回阀

二、判断题

1. 水泵是利用动力机把机械能传给水体并使其排出的装置。（　　）

2. 消防栓是一种固定消防工具，可以通过直接连接水带、水枪出水灭火。（　　）

3. 轨道交通的车站给水排水系统是由给水系统和排水系统两部分组成的。（　　）

4. 轨道交通排水系统的功能是保证车站和车辆段排水通畅，为轨道交通安全运营提供服务。（　　）

5. 气压罐是城市轨道交通生产、生活给水系统的组成部分之一。（　　）

理论知识复习题参考答案

一、单选题

1. D　　2. B　　3. A　　4. B　　5. B

二、判断题

1. √　　2. √　　3. √　　4. √　　5. √

第5章 电梯系统

学习目标

- ✔ 了解电梯的专业术语及使用安全。
- ✔ 了解电梯维护、保养的范围及要求和标准。
- ✔ 了解国家有关电梯安全管理的法律、法规。

5.1 基础知识

知识要求

5.1.1 电梯系统术语

1. 额定载重

额定载重是指设计时确定的保证电梯安全运行的承载能力。

2. 额定速度

额定速度是指设计规定的运行速度，也是制造厂家保证电梯正常运行的速度。

3. 平层

平层是指完全自动地到达一层或一个停车位置（轿底平面与厅门地坎平齐）的一个过程。

4. 平层区

平层区是指轿厢停靠站上方和（或）下方的一段有限距离。在此区域内，电梯的平层控制装置动作，使轿厢准确平层。

5. 轿厢

轿厢是指电梯中用于运载的单元，由轿架、轿底、围帮和轿门组成。

6. 轿门

轿门是电梯结构之一，即在电梯里电梯关上后看到的门。

7. 层门

电梯层门就是人们在电梯外见到的门，也叫厅门。层门一般由门、导轨架、滑轮、滑块，门框、地坎等部件组成。

5.1.2　电梯的使用与安全

电梯须经特种设备检验机构进行验收或检验，经检验合格并对安全检验合格标志予以确认盖章，经市质量技术监督部门办理特种设备使用证登记后，方可投入正式运行。电梯安全管理人员和操作人员须经特种作业和安全生产知识培训，取得特作业人员证后方可操作电梯。

5.1.3　轨道交通配置电梯的基本原则

一般应按办公建筑面积每 5 000 m^2 设一台电梯，电梯载质量建议选择 1 000 kg 或大于 1 000 kg，因为轨道交通车站有时候人流较为集中，大容量电梯能较好地解决这个问题，电梯速度建议采用 1.60 m/s 以上。

5.2　电梯系统的组成

知识要求

5.2.1　液压电梯系统的组成

1. 液压电梯

液压电梯是指由液体在液压缸中受到活塞运动压力而驱动的电梯。

2. 液压泵站

液压泵站是指液压系统中提供液压动力的泵站，一般采用符合液压系统要求的液压油作媒质，由原动力（电机或其他动力）经泵（叶片泵、齿轮泵、回转泵、柱塞泵等）送出符合要求流量与压力的媒质供液压系统使用。

5.2.2　自动扶梯系统的组成

1. 端部驱动

端部驱动是指驱动装置设在扶梯上头部机舱内的一种驱动方式。

2. 中间驱动

中间驱动是指驱动装置设定在扶梯上、下两分支之间的一种驱动方式。

5.3 电梯系统的运行管理

知识要求

5.3.1 电梯系统运行管理的任务和内容

1. 自动扶梯的日常运行管理由电梯弱电组负责，维修保养由指定承包商负责。
2. 每天按公司规定时间表启/停自动扶梯。
3. 严格遵守自动扶梯操作规程。
4. 当值人员每班每三小时巡查扶梯一次。
5. 当发现或接报扶梯发生故障时应马上停止故障梯，并由设备管理员通知承包商到场维修。

5.3.2 运营管理的有关规程和制度——液压电梯

1. 液压电梯开始运行前操作规程

（1）在开启液压升降货梯进入轿厢之前，必须先确认轿厢是否停在该层。

（2）每日工作开始前，须将电梯上、下行驶数次，检查有无异常现象，检查厅、轿门、地坎有无异物，若有，则清理干净。

（3）轿厢运载的物品不得超过液压升降货梯的额定载质量。不允许装运易燃、易爆等危险物品，如遇特殊情况必须装运时，需经保安部门批准，并采取相应的安全保护措施。

（4）若电梯出现故障，应停止运行，并及时通知维修人员进行修理。

（5）运载的物品应尽可能稳妥地放在轿厢中间，避免在运行中倾倒。禁止采用开启轿厢顶部轿厢安全门的方法装运超长物件。

（6）液压升降货梯操作人员应劝告他人勿乘载货电梯。

（7）液压升降货梯检修时，应在厅门处挂“电梯检修，停止运行”警示牌。

2. 液压电梯停止运行时操作规程

（1）液压升降货梯使用完毕后，电梯操作人员应将轿厢停于基层，并将操纵盘上开关全部断开，关闭厅轿门。

（2）打扫机房设备卫生时，必须在专人监护下进行。

（3）不得将液压升降货梯钥匙交给无证人员使用。

3. 液压电梯发生紧急故障时操作规程

（1）当液压电梯出现故障时，应第一时间通知维修人员并描述电梯故障现象。

（2）在电梯前放置护栏等警示标志。

（3）断电、停梯。

5.3.3 运营管理的有关规程和制度——自动扶梯

1. 建立自动扶梯与自动人行道的档案

（1）将所有技术文件和图样进行编号并归档，妥善保管的同时还应便于查阅。在这些资料中，自动扶梯与自动人行道的使用维护说明书、电气控制原理图以及电气接线图应该放在醒目的位置，以便日常维护保养时随时查阅。

（2）每年特种设备检验机构对自动扶梯与自动人行道的检验报告书、每次维修记录以及发生事故记录也应建立相应档案。

2. 建立正常的管理制度

（1）新增自动扶梯与自动人行道的使用单位必须持特种设备检验机构出具的验收检验报告和安全检验合格标志，到所在地区的地、市级以上特种设备安全监察机构注册登记，将安全检验合格标志固定在特种设备显著位置上后，方可以投入正式使用。

（2）自动扶梯与自动人行道的维保人员应持有特种设备作业人员资格证书才能上岗。

（3）自动扶梯与自动人行道的维保单位应有相应的资格证书。

（4）自动扶梯与自动人行道的启动钥匙应由专人保管。

（5）自动扶梯与自动人行道正常运行时应有专人巡查。

（6）每次检查、保养、修理后应进行记录。

（7）自动扶梯与自动人行道应有启动及关停管理制度。

（8）使用单位应制定发生事故时采取紧急救援措施的细则。

（9）制定自动扶梯与自动人行道的检查维修制度。

（10）使用单位必须按期向自动扶梯与自动人行道所在地的特种设备检验机构申请定期检验，及时更换安全检验合格标志中的有关内容。自动扶梯与自动人行道的定期检验周期为一年，安全检验合格标志超过有效期的自动扶梯与自动人行道不得使用。

3. 自动扶梯转换运行方向时操作规程

（1）检查确认扶梯无乘客。

（2）停止扶梯运行。

（3）待扶梯完全停止后，再转变运行方向。

4. 自动扶梯紧急停止时操作规程

（1）紧急情况时，先通知乘客。

（2）检查确认扶梯无乘客。

（3）设置警示标志。

（4）按急停按钮停止运行。

5. 自动扶梯钥匙管理

（1）扶梯钥匙可在电梯正常情况下开启自动人行道。

（2）扶梯的专用钥匙不得作其他用途。

（3）扶梯钥匙应统一、集中由专人保管，其他人员一律不得以任何借口使用。

（4）使用扶梯钥匙时，必须检查自动人行道。

（5）检查扶梯上、下梯级进梳齿的地方是否有异物，并检查梳齿板的齿，必须是完整的梳齿才能正常运行。

（6）使用扶梯钥匙时，应充分注意自身和他人的人身安全。

（7）若扶梯运行有异常现象，请立即联系维修人员。

（8）扶梯钥匙使用完毕后必须及时归还，严禁私自带走。

6. 自动扶梯使用制度

为了做好自动扶梯与自动人行道的管理工作，拥有自动扶梯与自动人行道的单位应落实好管理部门及人员，为设备建立好档案并保管好档案，有条件的且使用数量较多的单位若欲自行维护保养，其维修保养人员必须经过培训考核，并取得地（市）级质量技术监督部门颁发的资格证书。自动扶梯与自动人行道在投入使用之前，应在入口处附近设置使用须知标牌。这些标牌应尽可能地用象形图表示，其最小尺寸为80 mm ×80 mm。其内容应至少包括：

（1）必须拉紧小孩。

（2）狗必须被抱着。

（3）站立时面朝运行方向，脚须离开梯级边缘。

（4）握住扶手带。

维护保养人员应做好记录工作，无维修保养资格人员的使用单位应委托有资格的维修保养单位进行日常维保工作。自动扶梯与自动人行道的使用管理工作要制定以岗位责任制为核心，包括技术档案管理、安全操作、常规检查、维修保养、定期报检和应急措施等在内的设备安全使用和运营的管理制度，并严格执行。

7. 自动扶梯紧急停机按钮的位置及作用

（1）扶梯紧急停机按钮一般会安装在扶梯上、下头部钥匙开关盒附近，提升高度大于 10 m 的会在扶梯中间部位再次安装 1 ~2 个紧急停机按钮。

（2）紧急停机按钮的主要作用：在紧急情况下停止扶梯；运行结束时停止扶梯。

5.3.4 安全规范

检验机构应当在施工单位自检合格的基础上进行监督检验，在维护保养单位自检合格的基础上进行定期检验。从事监督检验和定期检验，应当遵守以下规定：

1. 对于电梯安装过程的监督检验，按照表 5—1 规定的检验内容、要求和方法进行检验。

2. 对于 1 年内特种设备安全监察机构接到故障实名举报达到 3 次以上（含 3 次）的电梯，且经确认上述故障的存在影响电梯安全运行时，特种设备安全监察机构可以要求提前进行维护保养单位的年度自检和定期检验。

表 5—1　　定期检验内容

项目及类别		检验内容与要求	检验方法
1 技术资料	1.1 制造资料	电梯制造单位提供的用中文描述的出厂随机文件齐全，并且符合以下要求： （1）制造许可证明文件，其范围能够覆盖所提供电梯的规格型号 （2）电梯整机型式试验合格证书或者报告书，其内容能够覆盖所提供的电梯 （3）产品质量证明文件，注有制造许可证明文件编号、该电梯的产品出厂编号、主要技术参数、驱动主机和控制柜等主要部件的型号和编号等内容，并有电梯整机制造单位的公章或者检验合格章以及出厂日期 （4）门锁装置、限速器、安全钳、缓冲器、含有电子元件的安全电路（如果有）、轿厢上行超速保护装置、控制柜、驱动主机等安全保护装置或者主要部件的型式试验合格证，限速器和渐进式安全钳的调试证书，证书中安全保护装置的型号规格与整机型式试验合格证书或者报告书的相应内容一致	电梯安装施工前查验相应资料

续表

项目及类别		检验内容与要求	检验方法
1 技术资料	1.1 制造资料	(5) 机房或者机器设备间及井道布置图，其顶层高度、底坑深度、楼层间距、井道内防护、安全距离、井道下方人可以进入的空间等满足安全要求 (6) 电气原理图，包括动力电路和连接电气安全装置的电路 (7) 安装使用维护说明书，包括安装、使用、日常维护保养和应急救援等方面操作说明的内容 (8) 对于轿厢面积超出规定的载货电梯，还应当提供符合相关规定的设计计算书 注：上述文件如为复印件则必须经电梯整机制造单位加盖公章或者检验合格章	
	1.2 安装资料 A	安装单位提供的安装资料齐全，并且符合以下要求： (1) 安装许可证和安装告知书，许可证范围能够覆盖所施工电梯的规格型号 (2) 施工方案，审批手续齐全 (3) 施工现场作业人员持有的特种设备作业人员证 (4) 施工过程记录和自检报告（包括承重梁、导轨支架等隐蔽工程的见证材料），检查和试验项目齐全、内容完整，施工和验收手续齐全 (5) 变更设计证明文件（如安装中变更设计时），履行了由使用单位提出、经整机制造单位同意的程序 (6) 施工过程中质量或者人身伤亡事故记录与处理报告（如发生相应事故），真实记录施工过程中发生的事故及其处理情况 (7) 安装质量证明文件，包括电梯安装合同编号、安装单位安装许可证编号、产品出厂编号、主要技术参数等内容，并且有安装单位公章或者检验合格章以及竣工日期 注：上述文件如为复印件则必须经安装单位加盖公章或者检验合格章	查验相应资料：第(1)~第(3)项在报检时查验，第(3)项在其他项目检验时还应查验；第(4)~第(6)项在试验时查验，必要时，第(4)项中承重梁、导轨支架等隐蔽工程的见证材料可于施工过程中进行现场查验确认；第(7)项在安装竣工后查验
	1.3 改造、重大维修资料 A	改造或者重大维修单位提供的改造或者重大维修资料齐全，并且符合以下要求： (1) 改造或者维修许可证和改造或者重大维修告知书，许可证范围能够覆盖所施工电梯的规格型号 (2) 改造或者重大维修的清单、改造的相关图样和计算资料以及施工方案，施工方案的审批手续齐全 (3) 所更换的安全保护装置或者主要部件产品合格证、型式试验合格证书；限速器和渐进式安全钳的调试证书（如发生更换），证书中安全保护装置的型号规格与整机型式试验合格证书或者报告书的相应内容一致 (4) 施工现场作业人员持有的特种设备作业人员证 (5) 施工过程记录和自检报告（包括承重梁、导轨支架等隐蔽工程的见证材料），检查和试验项目齐全、内容完整，施工和验收手续齐全	查验相应资料：第(1)~第(4)项在报检时审核，第(4)项在其他项目检验时还应查验；第(5)、第(6)项在功能试验时审核、查验，必要时，第(5)项中承重梁、导轨支架等隐蔽工程的见证材料可于施工过程中进行现场查验确认；第(7)项在竣工后查验

续表

项目及类别		检验内容与要求	检验方法
1 技术资料	1.3 改造、重大维修资料 A	（6）施工过程中质量或者人身伤亡事故记录与处理报告（如发生相应事故），真实记录施工过程中发生的事故及其处理情况 （7）对改造项目，提供改造后的整梯合格证；对重大维修项目，提供重大维修质量证明文件，包括电梯的改造或者重大维修合同编号、改造或者重大维修单位的资格证编号、电梯注册代码、主要技术参数等内容，并且有改造或者重大维修单位的公章或者检验合格章以及竣工日期 注：上述文件如为复印件则必须经改造或者重大维修单位加盖公章或者检验合格章	
	1.4 使用资料 B	使用单位提供的电梯使用管理的相关资料齐全，并且符合以下要求： （1）使用登记资料，内容与实物相符 （2）安全技术档案，至少包括 1.1、1.2、1.3 所述文件资料（1.2 的第（3）项和 1.3 的第（4）项除外），以及监督检验报告、定期检验报告、日常自行检查与使用状况记录、日常维护保养记录、年度自检记录或者报告、应急救援演习记录、运行故障和事故记录等，保存完好（2003 年 6 月 1 日前已经完成安装、改造或重大维修的，1.1 的第（1）、第（3）、第（4）、第（5）项，以及第 1.2、1.3 项，应当由使用单位联系相关单位予以完善，可不作为本项审核结论的否决内容） （3）以岗位责任制为核心的电梯运行管理规章制度，包括事故与故障的应急措施和救援预案、电梯钥匙使用管理制度等 （4）与取得相应资格单位签订的日常维护保养合同，内容符合相关法规及电梯安装使用维护说明书要求 （5）按照规定配备的电梯安全管理和作业人员的特种设备作业人员证	定期检验和改造、重大维修后的监督检验时查验；新安装电梯的监督检验进行试验时查验第（3）、第（4）、第（5）项，以及第（2）项中所需记录表格制定情况（如试验时使用单位尚未确定，应当由安装单位提供第（2）、第（3）、第（4）项被查验内容范本，第（5）项相应要求交接备忘录）
2 机房（机器设备间）及相关设备	2.1 通道 C	（1）应当采用楼梯作为机房通道。通道应当在任何情况下均能够安全方便地使用，无须经过私人房间。特殊情况下可以采用梯子，但必须符合以下条件： 1）通往机房或者机器设备区间的通道不应当高出楼梯所到平面 4 m 2）梯子必须固定在通道上而不能被移动 3）梯子高度超过 1.50 m 时，其与水平方向的夹角应当为 65°～75°，并不易滑动或者翻转 4）靠近梯子顶端应当设置把手 （2）通道应当设置永久性电气照明	审查自检结果，如对其有质疑，按照以下方法进行现场检验（以下 C 类项目只描述现场检验方法）： 目测或者测量相关数据

续表

项目及类别		检验内容与要求	检验方法
2 机房（机器设备间）及相关设备	2.2 机房通道门 C	对于有机房电梯，机房通道门的宽度应当不小于 0.60 m，高度应当不小于 1.80 m，并且门不得向房内开启。门应当装有带钥匙的锁，并且可以从机房内不用钥匙打开。门外侧应当标明“机房重地，闲人免进”，或者有其他类似警示标志	目测或者测量相关数据
	2.3 机房（机器设备间）专用 C	机房（机器设备间）应当专用，不得用于电梯以外的其他用途	目测
	2.4 安全空间 C	（1）在控制屏和控制柜前有一块净空面积，其深度不小于 0.70 m，宽度为 0.50 m 或屏、柜的全宽（两者中的大值），高度不小于 2 m （2）对运动部件进行维修和检查以及人工紧急操作的地方有一块不小于 0.50 m × 0.60 m 的水平净空面积，其净高度不小于 2 m （3）机房地面高度不一并且相差大于 0.50 m 时，应当设置楼梯或者台阶，并且设置护栏	目测或者测量相关数据
	2.5 地面开口 C	机房地面上的开口应当尽可能小，位于井道上方的开口必须采用圈框，此圈框应当凸出地面至少 50 mm	目测或者测量相关数据
	2.6 照明与电源插座 C	（1）机房应当设置常备式电气照明，照度应当足够；在机房内靠近入口（或多个入口）处的适当高度应当设有一个开关，控制机房照明 （2）机房应当至少设置一个 2P + PE 型电源插座 （3）应当在主开关旁设置控制井道照明、轿厢照明和插座电路电源的开关	目测，操作验证各开关的功能
	2.7 断相、错相保护 C	每台电梯应当配备供电系统断相、错相保护装置，并且有效；电梯运行与相序无关时，可以不装设错相保护装置	（1）断开主开关，在其输出端，断开三相交流电源的任意一根导线后，闭合主开关，检查电梯能否启动 （2）断开主开关，在其输出端，调换三相交流电源的两根导线的相互位置后，闭合主开关，检查电梯能否启动

技能要求

5.4 自动扶梯和直升电梯的操作

5.4.1 自动扶梯的操作

1. 启动前的操作

（1）检查确认自动扶梯上没有乘客或物体。

（2）目视检查玻璃拦板和扶手带、梯级、梳齿、梳齿板和前沿板都没有缺陷。

（3）任何其他警示标志/装置都没有被移开。

2. 自动扶梯的启动操作

（1）在扶梯上、下平层设置有用于激活扶梯上行和下行的带有标识的钥匙开关，以及用白字写着“停止”字样的红色急停按钮，插入钥匙，根据需要运行的上行或下行方向，将钥匙转动到相应的方向，保持 5 s，钥匙弹簧弹回到中间位置，随即自动扶梯开始运行。上行按钮与下行按钮分别如图 5—1、图 5—2 所示。

图 5—1　上行按钮

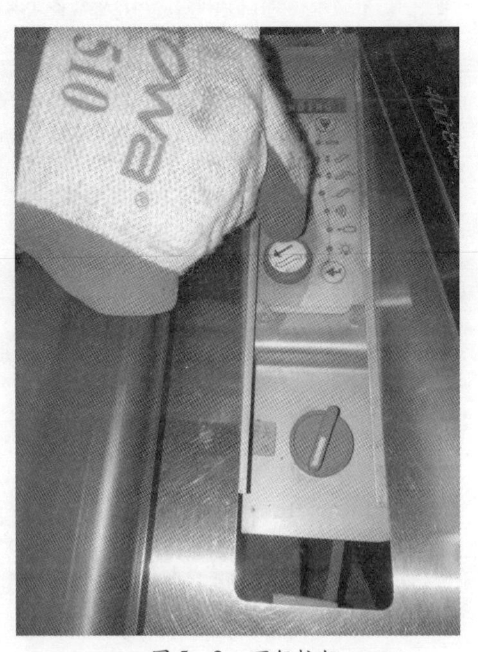
图 5—2　下行按钮

（2）取出钥匙并将钥匙保管在安全的地方。

（3）观察梯路运行两圈。

（4）检查梯级和扶手带可能存在的损伤，扶手带必须与梯级链同步运行，并且不能左右晃动。

3. 自动扶梯停运操作

（1）走到入口平层（如果扶梯下行，则上平层为入口平层；如果扶梯上行，则下平层为入口平层），阻止任何人进入自动扶梯，检查确认扶梯上没有乘客或物体。

（2）在上、下平层设置路障。

（3）按下停止按钮（见图5—3），自动扶梯停止，不再需要进行其他操作。

图5—3　停止按钮

（4）移去路障。

5.4.2　直升电梯的操作

1. 使用人员在门外先按电梯楼层按扭，进入轿厢之前，要注意轿厢是否停在该层。进入电梯后按关门键，按键时用力应适当。

2. 一般情况下公司电梯不得乘人，除非搬运物料需要。装载有机溶剂、油漆等危险品或有其他危险时不得乘人。

3. 使用电梯时，必须先将轿厢门内照明风扇打开。进入电梯内的物品应摆放稳妥，防止在运行中倾倒，如物件有倾倒的可能，则必须捆扎结实或摆放妥当。注意：较重物品应在轿厢内均衡分布。

4. 注意：叉车、油压车等进入电梯轿厢时不得挤压电梯轿厢及门框。

5. 进入电梯轿厢，人员及物品都不得贴靠在轿厢门上。

6. 搬运较重物品时，应注意轿厢平层情况，轿厢和地面如有落差应考虑搬运工具轮子的通过能力，如不能出电梯，应考虑加垫斜坡样物品，一般不要强行通过落差，如必须使用惯性，应考虑物品及物品的组成部分是否会产生位移。对于超过 5 mm 的落差，应告知工务主管或安全主任联系电梯维保单位进行处理。

7. 遇有明显较重，但不知道重量的情况下，可以和现有标明重量的设备等物品进行比对，必要时进行称重。一般电梯限载在 2 000 kg 以下。

8. 公司内负责电梯日常维护的单位要保持电梯内外清洁卫生，门槽内无杂物，保持电梯门的正常开闭。

9. 电梯发生故障困人时，在紧急情况下应保持镇定，可以按求救警铃或拨打电话等候救援，如拨打电梯维修公司热线或电话联系安全主任或工务主管处理。被困人员不得试图拨开电梯门或大力撞击电梯，不可将身体任何部位伸出轿厢外。

10. 使用单位下班时应关闭电梯照明及排风电源。

11. 发生火灾时，切勿使用电梯。

12. 电梯检修或停用应将电梯落到底层，检修应有“检修”标志，并有专人看护。

5.4.3　自动扶梯停运的处置

见 5.4.1。

5.4.4　直升电梯停运的处置

1. 在电梯内设置安全警示标志，如图 5—4 所示。

2. 通过摄像头观察轿厢内是否有乘客，如图 5—5 所示。

图 5—4　安全警示标志

图 5—5　摄像头位置

3. 如无乘客，旋转锁梯钥匙到 STOP 挡，如图 5—6 所示。

4. 等待电梯关门，如图 5—7 所示。

图 5—6　STOP 按钮位置

图 5—7　关门位置

5. 撤除安全警示标志，将安全警示标志放到仓库。

5.4.5　自动扶梯梳齿板的保养

1. 观察自动扶梯上没有乘客时设置安全警示标志，停止扶梯运行。

2. 检查梳齿板有无缺齿，如图 5—8 所示。

图 5—8　梳齿板

3. 用合适的工具拆下梳齿板，如图 5—9、图 5—10 所示，清理梳齿板下面的污垢。

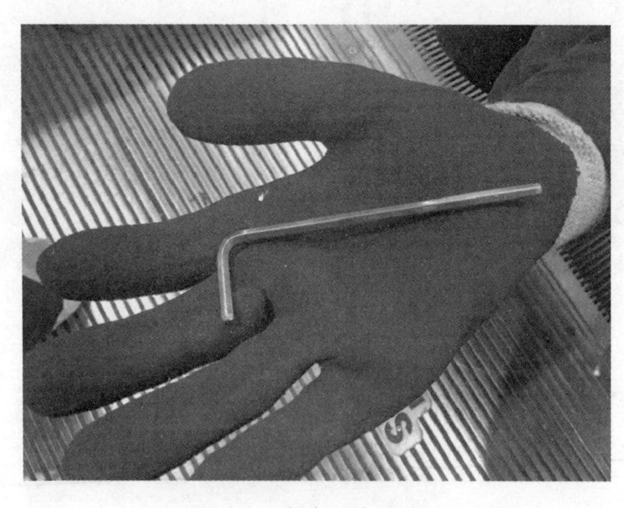

图 5—9　拆卸梳齿板工具

图 5—10 拆下梳齿板

4. 装上安全的梳齿板，调整梳齿板至合适高度。

5. 启动扶梯，运行两圈，观察梳齿板是否符合安全要求。

6. 拆除安全警示标志，恢复设备运行。

理论知识复习题

一、单选题

1. （　　）是保证电梯正常运行所允许的载重量。

A. 计划载重量　B. 标准载重量　C. 额定载重量　D. 极限载重量

2. （　　）是保证电梯正常运行所允许的电梯速度。

A. 额定速度　B. 标准速度　C. 计划速度　D. 极限速度

3. （　　）是电梯在接近层站正常停靠时的慢速动作过程。

A. 跃层　B. 低速层　C. 缓层　D. 平层

4. （　　）是电梯轿厢停靠站上、下方的一段有限距离，在此区域内，电梯平层控制装置动作，使轿厢精确平层。

A. 低速层区　B. 平流层　C. 缓层区　D. 平层区

5. 对于客梯，（　　）一般安装有负载称重装置。

A. 轿厢架　B. 轿底　C. 轿箱顶　D. 轿厢壁

6. 层门是由门、门导轨、层门地坎、(　　) 及自复门机构等组成。

A. 层门联动机构　B. 复位装置　C. 门锁　D. 以上都不是

二、判断题

1. 电梯采用的动力类型有交流电力拖动、直流电力拖动及液力拖动三种。(　　)

2. 电梯安全保护系统的作用是保证电梯安全使用，防止一切危及人身安全的事故发生。(　　)

3. 站台至站厅间根据车站远期客流设置上、下行自动扶梯是轨道交通设置自动扶梯的基本原则之一。(　　)

4. 液压梯的拖动是靠液压传动的。(　　)

5. 液压泵站主要由螺杆泵、电液比例阀组成。(　　)

6. “保证设备处于安全运行状态，实现系统功能”是电梯系统运行管理的任务之一。(　　)

理论知识复习题参考答案

一、单选题

1. C　2. A　3. B　4. D　5. B　6. A

二、判断题

1. √　2. √　3. √　4. √　5. ×　6. ×

第6章 屏蔽门系统

学习目标

- ☑ 了解屏蔽门系统的术语。
- ☑ 了解屏蔽门系统的组成及功能。
- ☑ 了解屏蔽门系统的运行管理。

6.1 基础知识

知识要求

1. 应急门

应急门（Emergency exit door，EED）的作用是在紧急情况下，列车停车位置与滑动门不对应时，乘客可通过应急门从列车疏散至站台。应急门即将某一固定门改成可开启的应急门。

2. 端门

端门（Platform end door，PED）的作用是供车站工作人员在站台侧与轨道侧间的进出，同时兼顾紧急情况下疏散乘客。

3. 滑动门

滑动门（Automatic slide door，ASD）为中分双开式门，关闭时隔断站台和轨道，开启时供乘客上下列车，在非正常运行模式和紧急运行模式下，也可作为乘客的疏散通道。

4. 台操作盘

（1）屏蔽门前端控制盘（Platform System Local control panel，PSL）。考虑列车双向运行的要求，每侧站台均设置两套PSL，车头与车尾各一套，放置位置与列车正常停车时驾驶室的门相对应。PSL具有与DCU和PSC连接的硬线接口。

（2）屏蔽门紧急控制盘（PSD Emergency control panel，PEC，或Integrated Backup Panel，IBP盘）。考虑列车双向运行的要求，设置两套PEC，两侧屏蔽门各一套，放置

在车控室中。PEC 具有与 DCU 和 PSC 连接的硬线接口。

（3）就地控制盒（Local control box ，LCB）。就地控制盒位于每扇活动门的上方，具有自动/手动/隔离的选择功能，当处于“隔离”状态时，该扇屏蔽门与整个控制网络脱离；当处于“手动”状态时，该扇屏蔽门与整个控制网络脱离。就地控制盒可控制该扇屏蔽门的开/关。

5. 监视器

屏蔽门监视器（PSD remote alarm panel，PSA）。屏蔽门监视器用于监视屏蔽门系统的状态、诊断屏蔽门故障、运行记录下载、软件重载等。

6.2 屏蔽门系统的组成与功能

知识要求

6.2.1 屏蔽门系统的功能描述

1. 屏蔽门的功能

（1）屏蔽门系统安装在站台边缘，将站台公共区与隧道区间完全隔离，消除了车站与轨道区间的热量交换，降低了环控系统的运营能耗。

（2）屏蔽门系统的设置杜绝了乘客因特殊情况掉下站台的情况。

（3）屏蔽门系统降低了车站噪声及活塞风对站台候车乘客的影响，改善乘客候车环境的舒适度。

（4）屏蔽门系统为轨道交通实现无人驾驶创造了必要条件。

（5）屏蔽门系统使地铁的正常运营得到了保证，可以大大减少因车站站台事故而延误运营的可能性。

2. 系统级控制模式

系统级控制模式为正常运行模式，用于在系统正常情况下，列车到站并且停在允许的误差范围内时，屏蔽门接受 ATC 指令自动控制或经列车司机确认后控制滑动门的打开及关闭。开关门流程如图 6—1 所示。

（1）开门操作。当列车停站，信号系统确认列车停止位置在允许的范围内时，发出开门指令，信号系统通过屏蔽门主控机发出开门指令，门控制器接收到开门命令后，执行解锁、开门的顺序操作。

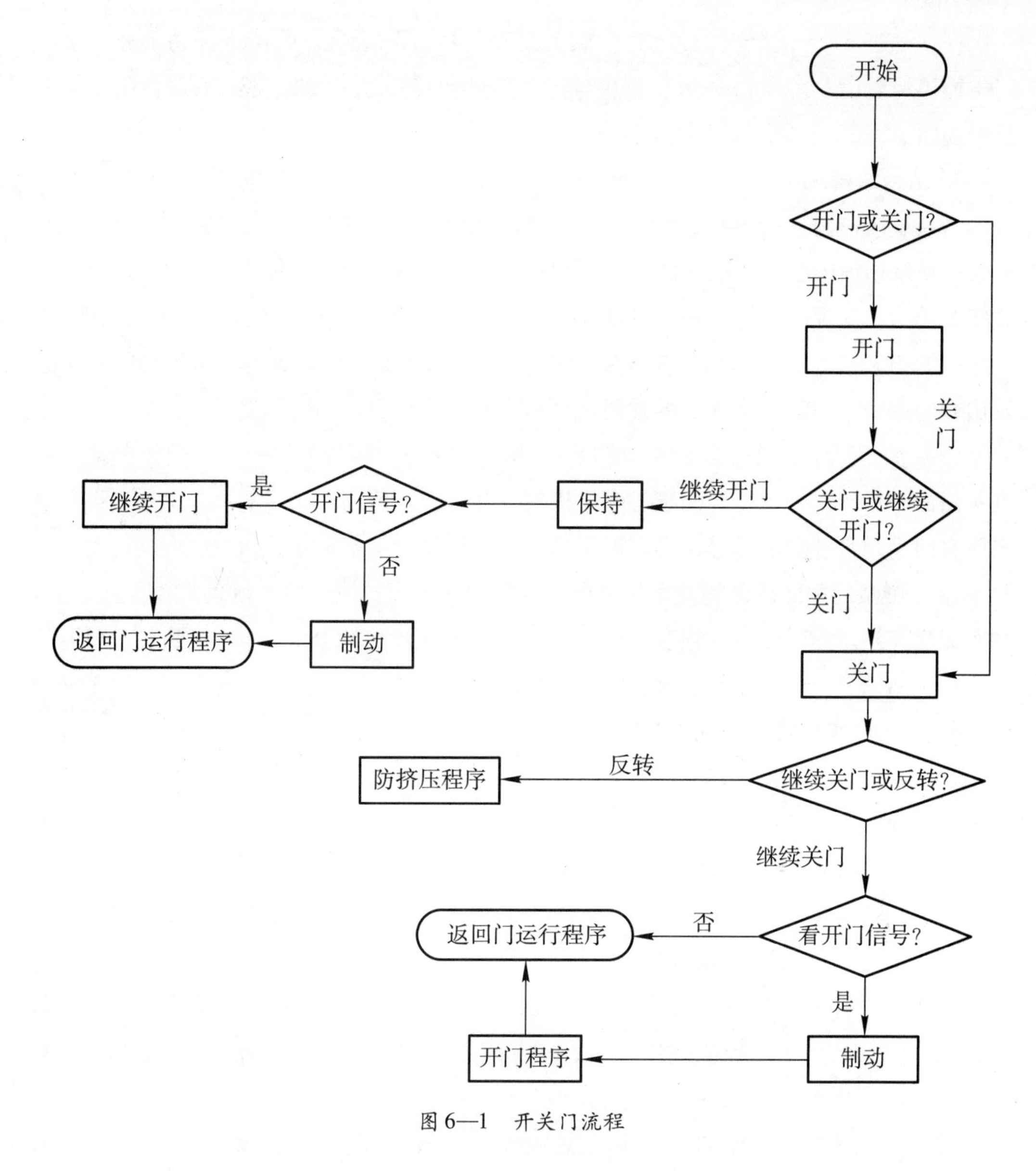

图6—1　开关门流程

（2）关门操作。当列车离站时，信号系统通过屏蔽门主控机向门控制器发出关门命令。门控制器收到关门命令后，执行关门、闭锁等顺序操作。在所有屏蔽门关闭后，屏蔽门主控机向信号系统发出所有门关闭且锁定的信号，允许列车离站。

（3）关门障碍物探测。在滑动门的关门运动循环过程中探测到障碍物时，滑动门立即停止并且再打开一段距离（此范围可调），打开后进入停止时间段（在0～5 s内可调），经过这段时间后，滑动门将自动再关闭。如果障碍物仍然存在，这个过程可执行多次（次数在2~5次范围内可调），然后滑动门将打开至全开的位置保持静止，屏蔽门主控机将发出“障碍物探测”报警信号。等清除障碍物后，站务员手动关闭且锁定该滑动门。

3. 站台级模式

当系统级控制不能正常运行时，如列车停车不准确、信号系统故障、信号系统与屏蔽门系统通信中断等非正常情况下，列车司机可通过站台端头控制盒（PSL）打开或关闭滑动门，实现屏蔽门的站台级操作。

（1）开门操作。列车司机先打开PSL上的钥匙开关，然后操作PSL的开门按钮，发出开门命令，门控制器接收到开门命令后，执行解锁、开门等顺序操作。

（2）关门操作。由列车司机操作PSL的关门按钮，发出关门命令，门控制器接收到关门命令后，执行关门、闭锁等顺序操作。在所有屏蔽门关闭后，PSL向信号系统发出所有门关闭且锁定的信号，允许列车离站。司机将PSL上的钥匙开关关闭。

（3）屏蔽门关闭后无法发车。当所有屏蔽门已关闭，但信号系统仍然不能确认时，列车无法离站。此时，可由列车司机操作PSL上的互锁解除开关，发出强制发车信号，允许列车离站。

4. 人工操作模式

在站台侧，由站台工作人员用专用钥匙打开滑动门；在轨道侧，由列车司机通过车内广播通知乘客使用滑动门上的手动解锁把手自行开启滑动门。

5. 火灾控制模式

火灾模式等情况下，可由车站值班员操作车控室的PEC或IBP盘，控制滑动门的打开和关闭。

（1）开门操作。先打开PEC或IBP盘上的钥匙开关（PEC或IBP盘上激活指示灯亮起），然后操作PSL的开门按钮，发出开门命令，门控制器接收到开门命令后，执行解锁、开门等顺序操作。

（2）关门操作。操作PEC或IBP盘上的关门按钮，发出关门命令，门控制器接收到关门命令后，执行关门、闭锁等顺序操作。在所有屏蔽门关闭后，PSL向信号系统发出所有门关闭且锁定的信号，允许列车离站。列车司机将PSL上钥匙开关关闭（PEC或IBP盘上激活指示灯熄灭）。

6.2.2 屏蔽门系统控制的优先级

地铁屏蔽门系统采用正常运行模式（系统级控制）、非正常运行模式（站台级控制）和紧急运行模式（手动操作控制）三种运行模式。三种运行模式以手动操作控制优先级最高，站台级控制次之，系统级操作控制最低。根据以上三种控制优先级，其5种操作方式的优先级：手动解锁优先级最高，LCB次之，PEC或IBP盘再次之，之后为PSL，列车控制信号最低。

1. 屏蔽门与PSA

车控室内的PSA盘能实时显示屏蔽门系统内各设备的状态和故障信息。

2. 应急门的使用注意事项

（1）在非紧急情况下，禁止任何人员打开应急门。应急门使用后，必须确认关闭并锁紧，严禁打开后无人守护，严禁使用异物阻挡端门关闭。

（2）打开应急门时，必须使用屏蔽门专用钥匙，拔钥匙时必须先将门锁复位后退出；严禁使用专用钥匙以外的其他钥匙开启应急门，防止门锁断裂或错位。

（3）打开应急门时，端门最大开度为90°；严禁将端门打开超过90°，避免端门上方闭门器损坏。

3. 端门的使用注意事项

（1）任何工作人员使用端门后，必须确认关闭并锁紧，严禁打开后无人守护，严禁使用异物阻挡端门关闭。

（2）打开端门时，必须使用屏蔽门专用钥匙，拔钥匙时必须先将门锁复位后退出；严禁使用专用钥匙以外的其他钥匙开启端门，防止门锁断裂或错位。

（3）打开端门时，端门最大开度为90°；严禁将端门打开超过90°，避免端门上方闭门器损坏。

（4）严禁任何人员在正常运营列车进出站产生活塞风时打开端门。

4. 屏蔽门系统的组成

屏蔽门系统由机械和电气两部分构成；机械部分包括门体结构和门机系统，电气部分包括电源系统和控制系统。

（1）门体结构由钢架、顶盒、门体、下部支撑结构组成。

（2）门机系统主要由驱动装置、传动装置、锁紧装置、门驱动器（DCU）等组成。

（3）电气控制系统主要由主控机（PSC）、PEC、PSL、声光报警装置、就地控制盒、屏蔽门监视器（PSA）、系统接口等组成。

（4）电源系统主要由门机驱动电源及控制电源组成。

6.3 屏蔽门系统的运行管理

知识要求

6.3.1 屏蔽门系统运行管理的任务和内容

（1）运营前巡视检查。系统启动后，每日投入运营使用前的巡视，确保设备的初始状态正常。

（2）故障应急处理。指设备发生故障时，由站台工作人员按照行车规则做应急技术处理，并按程序报维修人员处理。

（3）日常维修作业。指设备日常运行期间发生故障时，专业维修人员接报后进行的抢修工作。

（4）巡视作业。指通过观察设备的运行状态，与标准常态比较，及早发现异常运行状态，及时将故障解决于发生的初期，尽量避免故障后维修。

（5）计划维修作业。维修作业是一种主动的预防性维修，作业内容较巡视深入，是根据屏蔽门的构成、运行和使用特点等因素，周期性地纠正系统各设备（部件）运行后可能累积的误差、磨损或零部件使用达寿命后的更换，使设备达到良好的运行状态。

（6）设备运行管理。定期下载、存储屏蔽门系统运行数据，用于必要的运行历史追溯和故障分析。

（7）备品备件采购。根据设备运行使用的损耗需求，结合备品备件仓储数量、零部件的使用寿命，定期补充采购。

6.3.2 屏蔽门系统运营管理的有关规程和制度

1. 工作人员相关规定

（1）工作人员（因各种门故障原因）如需打开活动门使之处于开门状态，必须隔离该扇屏蔽门，并加强监控，以免影响安全行车。

（2）除非因列车停车位置超出误差范围而使用应急门，任何正常行车状态下，严禁打开应急门。应急门一经使用，必须确认关闭并锁紧，严禁使用异物阻挡应急门关闭。

（3）任何工作人员使用端门后，必须确认关闭并锁紧，严禁打开后无人守护，严禁使用异物阻挡端门关闭。

(4) 严禁放置任何物品在活动门门槛上，严禁在屏蔽门门体上靠放任何物品。

(5) 清洁门体、地板、隧道时不得使底座绝缘套受潮。

(6) 严禁在距屏蔽门门体边沿绝缘层范围内的地板上钻孔并安装任何设备设施。

(7) 打开应急门和活动门时必须使用屏蔽门专用钥匙，并且按照规范进行。

(8) 严禁任何人员在正常运营列车进出站产生活塞风时打开端门或应急门。

(9) 为防止在站台边缘装卸重物时使门槛变形，勿使用屏蔽门门槛承受超过设计载荷150%的重物。

2. 乘客相关规定

(1) 严禁乘客倚靠在屏蔽门、活动门的门体上。

(2) 严禁乘客将任何物品放置在屏蔽门的门体上。

3. PSA 使用规定

(1) PSA是屏蔽门系统的重要设备，除列车控制值班工作人员、维护人员以外，其他人员未经许可不得进行操作。

(2) 禁止在PSA上装载、启动其他无关软件。

(3) 禁止擅自删除、改变系统的任何配置文件、参数及属性。

6.3.3 安全规范

1. 屏蔽门系统的工作环境应满足轨道交通车站站台和轨道区温度、湿度及抗震要求。

2. 活动门和门机驱动应设置有障碍物探测功能。

3. 活动门与固定门之间的间隙宽度应以不夹伤乘客手指为宜。

4. 屏蔽门的金属结构应与列车回流轨等电位，整侧屏蔽门用DC 500 V的兆欧表检测与站台地绝缘电阻，与车站土建绝缘不小于0.5 MΩ。

技能要求

6.4 屏蔽门系统的操作

6.4.1 屏蔽门设备的操作

1. 正常运行模式（系统级控制）

系统级控制为正常运行模式，用于在系统正常情况下列车到站并且停在允许的误差范围内时，屏蔽门接受ATC指令自动控制或经列车司机确认后控制滑动门的打开及关闭。

（1）开门操作。当列车停站，信号系统确认列车停止位置在允许的范围内时，发出开门指令，信号系统通过屏蔽门主控机发出开门指令，门控制器接收到开门命令后，执行解锁、开门的顺序操作。

（2）关门操作。当列车离站时，信号系统通过屏蔽门主控机向门控制器发出关门命令。门控制器收到关门命令后，执行关门、闭锁等顺序操作。在所有屏蔽门关闭后，屏蔽门主控机向信号系统发出所有门关闭且锁定的信号，允许列车离站。

2. 非正常运行模式（站台级控制）

当系统级控制不能正常运行时，如列车停车不准确、信号系统故障、信号系统与屏蔽门系统通信中断等非正常情况下，列车司机可通过站台端头控制盒（PSL）打开或关闭滑动门，实现屏蔽门的站台级操作。

（1）开门操作。先打开PSL上的钥匙开关（PSL激活指示灯亮起），然后操作PSL的开门按钮，发出开门命令，门控制器接收到开门命令后，执行解锁、开门等顺序操作。PSL钥匙开关打开前后对比如图6—2所示。

图6—2　PSL钥匙开关打开前后对比

（2）关门操作。操作PSL的关门按钮，发出关门命令，门控制器接收到关门命令后，执行关门、闭锁等顺序操作。在所有屏蔽门关闭后，PSL向信号系统发出所有门关闭且锁定的信号，允许列车离站。将PSL上钥匙开关关闭（PSL激活指示灯熄灭）。

3. 紧急运行模式（手动操作控制）

当正常运行模式（系统级控制）、非当正常运行模式（站台级控制）均不能操作滑动门时，在站台侧，由站台工作人员用专用钥匙打开滑动门，如图6—3所示；在轨道侧，由司机通过车内广播通知乘客使用滑动门上的手动解锁把手自行开启滑动门。

图6—3　手动操作

在紧急运行模式下，如火灾模式等情况下，可由车站值班员操作车控室的PEC或IBP盘控制滑动门的打开和关闭。

（1）开门操作。先打开PEC或IBP盘上的钥匙开关（PEC或IBP盘上激活指示灯亮起），然后操作PSL的开门按钮，发出开门命令，门控制器接收到开门命令后，执行解锁、开门等顺序操作。

（2）关门操作。操作PEC或IBP盘上的关门按钮，发出关门命令，门控制器接收到关门命令后，执行关门、闭锁等顺序操作。在所有屏蔽门关闭后，PSL向信号系统发出所有门关闭且锁定的信号，允许列车离站。将PSL上钥匙开关关闭（PEC或IBP盘上激活指示灯熄灭）。

6.4.2　单扇活动门无法打开的应急操作

1. 根据门灯显示情况，确认故障门位置，如图6—4所示。
2. 将故障门位置及故障情况报告车控室。
3. 使用三角钥匙或LCB钥匙打开故障门，如图6—5所示。

图 6—4　门灯位置

图 6—5　三角钥匙和 LCB 钥匙的位置

4. 将 LCB 钥匙开关从自动位置转换到隔离位置，如图 6—6 所示。

5. 处置完成后，报告车控室并做好站台监护工作。

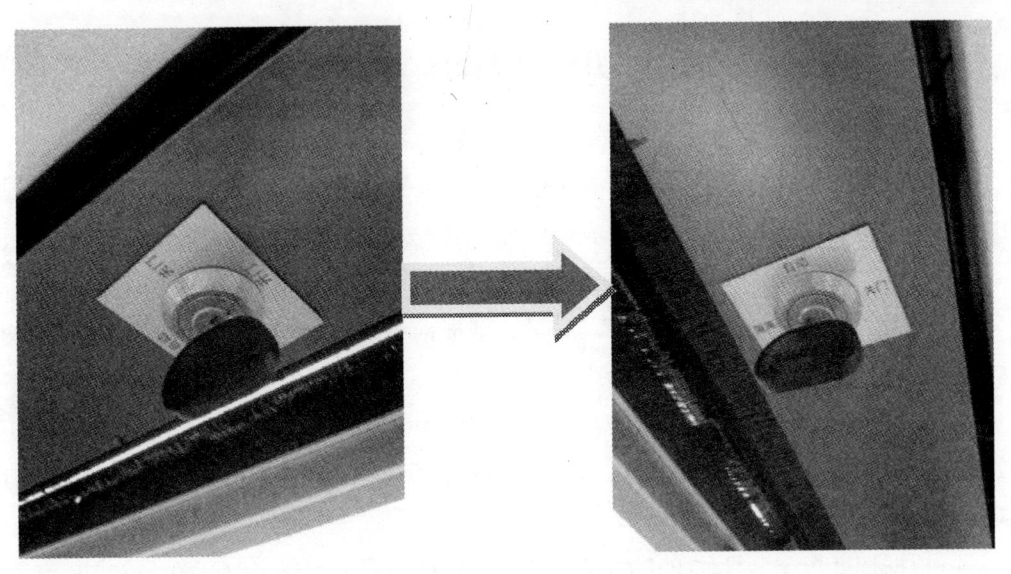

图 6—6　LCB 钥匙开启位置对比

6.4.3　单扇活动门无法关闭的应急操作

1. 根据门灯显示情况，确认故障门位置。
2. 将故障门位置及故障情况报告车控室。
3. 检查导槽内是否有异物，并尝试手动关闭故障门，如图 6—7 所示。

图 6—7　导槽位置

4. 若手动关闭故障门失败，可将 LCB 钥匙开关从自动位置转换到隔离位置。
5. 处置完成后，报告车控室并做好站台监护工作。

6.4.4　多扇活动门无法打开的应急操作

1. 根据门灯显示情况，确认故障门位置及数量。

2. 将故障门位置、数量及故障情况报告车控室，车控室接到报告后，通过 PEC 或 IBP 盘进行开门操作。

3. 如 PEC 或 IBP 盘开门操作失败，则进行如下操作：

（1）若 LCB 钥匙数量多于故障门数量，则根据单扇活动门不能正常开启的应急处置办法进行操作。

（2）若 LCB 钥匙数量少于故障门数量，则使用三角钥匙或 LCB 钥匙根据情况打开故障门（每节车厢至少开一扇门），并将打开故障门的 LCB 钥匙开关从自动位置转换到隔离位置。

4. 根据调度指令，操作 PSL 的互锁解除或 PSC 的安全回路旁路开关。

（1）互锁解除操作。将 PSL 的手自动开关从自动位置转换至激活位置，PSL 激活灯亮，将互锁解除开关向右旋转并保持（门闭锁指示灯及互锁解除灯亮起），直至列车驶离车站信号的范围后方可复位，如图 6—8 所示。

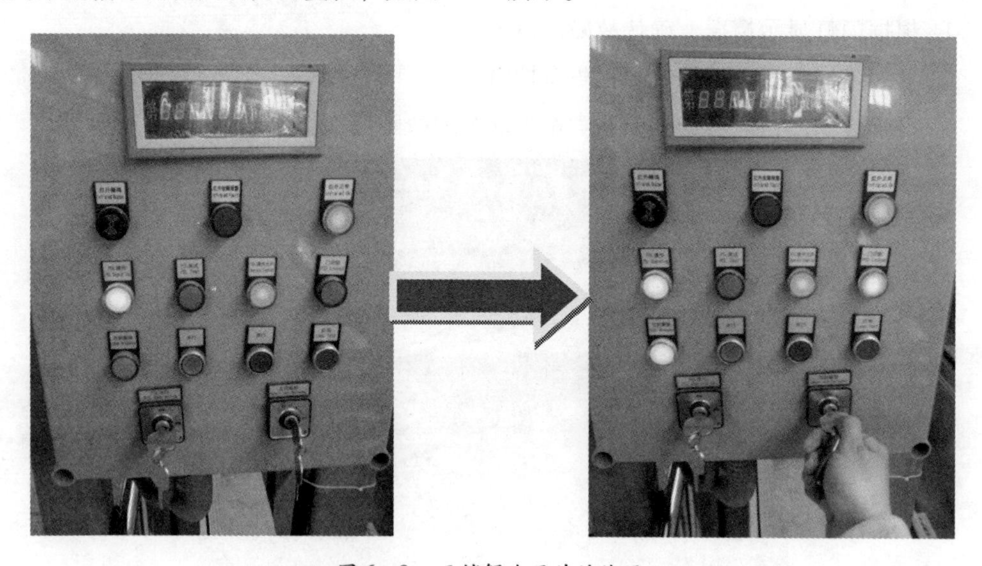

图 6—8　互锁解除开关的使用

（2）安全回路旁路开关操作。将安全回路旁路开关从自动位置转换到旁路位置。

5. 使用三角钥匙打开剩余故障门，并关闭电源，如图 6—9 所示。

6. 处置完成后，报告车控室并做好站台监护工作。

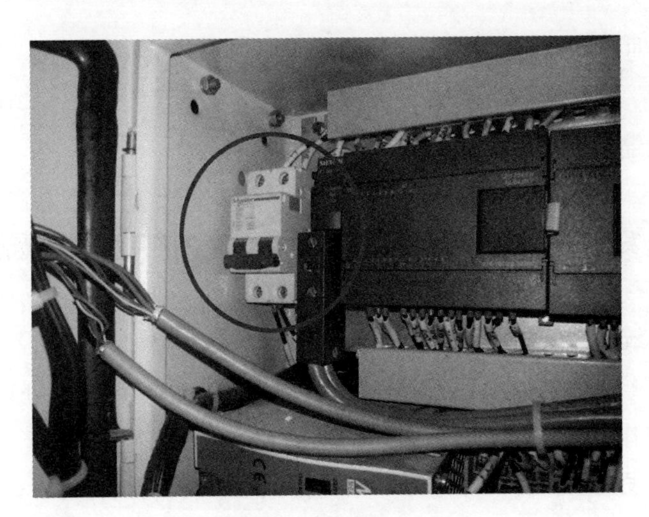

图6—9 电源开关位置

6.4.5 多扇活动门无法关闭的应急操作

1. 根据门灯显示情况，确认故障门位置及数量。

2. 将故障门位置、数量及故障情况报告车控室，车控室接到报告后，通过PEC或IBP盘进行关门操作。

3. 如PEC或IBP盘关门操作失败，则进行如下操作：

（1）若LCB钥匙数量多于故障门数量，则根据单扇活动门不能正常关闭的应急处置进行操作。

（2）若LCB钥匙数量少于故障门数量，根据调度指令，操作PSL的互锁解除或PSC的安全回路旁路开关关闭车门。

（3）互锁解除操作。将PSL的手自动开关从自动位置转换至激活位置，PSL激活灯亮，将互锁解除开关向右旋转并保持（门闭锁指示灯及互锁解除灯亮起），直至列车驶离车站信号的范围后方可复位。

（4）安全回路旁路开关操作。将安全回路旁路开关从自动位置转换到旁路位置。

4. 处置完成后，报告车控室并做好站台监护工作。

理论知识复习题

一、单选题

1. 当正常运行模式、非正常运行模式均不能操作滑动门时，在轨道侧，由列车司机通过车内广播通知乘客使用滑动门上的（　　）自行开启滑动门。

A. PSL　　B. PEC　　C. LCB　　D. 手动解锁把手

2. 应急门的缩写为（　　）。

A. PSD　　B. EED　　C. MIX　　D. MSD

3. 当活动门发生故障时，根据（　　）显示情况，确认故障门位置及数量。

A. 门灯　　B. PSL　　C. PEC　　D. LCB

4. 屏蔽门系统运行管理的任务和内容包括（　　）。

A. 运营前巡视　　B. 检查故障，应急处理

C. 日常维修作业　　D. 以上答案都正确

5. 当活动门发生故障后，可将 LCB 钥匙开关从自动位置转换到（　　）位置，隔离该故障门。

A. 隔离　　B. 开门

C. 关门　　D. 以上答案都正确

二、判断题

1. 屏蔽门系统相关规定指出：乘客可以靠在滑动门体上稍作休息。（　　）

2. 禁止在 PSA 上装载、启动任何软件。（　　）

3. 应急门的作用是供车站工作人员在站台侧与轨道侧间进出，同时兼顾紧急情况下疏散乘客。（　　）

4. 工作人员（因各种门故障原因）如需打开活动门使其处于开门状态，必须隔离该扇屏蔽门，并加强监控，以免影响安全行车。（　　）

5. 严禁在距屏蔽门门体边沿绝缘层范围内的地板上钻孔并安装任何设备设施。（　　）

理论知识复习题参考答案

一、单选题

1. D　　2. B　　3. A　　4. D　　5. A

二、判断题

1. ×　　2. ×　　3. ×　　4. √　　5. √

理论知识考试模拟试卷及答案

智能楼宇管理师（城轨车站）(四级) 理论知识试卷

注 意 事 项

1. 考试时间：90 min。
2. 请首先按要求在试卷的标封处填写您的姓名、准考证号和所在单位的名称。
3. 请仔细阅读各种题目的回答要求，在规定的位置填写您的答案。
4. 不要在试卷上乱写乱画，不要在标封区填写无关的内容。

	一	二	总分
得分			

得 分	
评分人	

一、判断题（第 1 题 ~ 第 35 题。将判断结果填入括号中，正确的填“√”，错误的填“×”。每题 1 分，满分 35 分）

1. 城市轨道交通线路的铺设形式主要有地下线路、地面线路和高架线路三大类型。 （ ）

2. 地下线路可采用混凝土整体道床或与普通铁路相同的碎石道床。 （ ）

3. 为了保证供电的可靠性，城市轨道交通变电站供电系统一般由三路独立的电[illegible]供电。 （

4. 列车只要严格遵循信号的指示运行，就能够确保安全运行。 （

5. 城市轨道交通中拖车是带有动力、起驾驶和拖动其他车辆作用的车辆。 （

6. 应急预案要求现场处置应遵循“职责明确、快速到位、控制有效”的原[illegible]

7. 车站照明系统大致包括车站、隧道和电缆层的一般照明、事故照明和[illegible]

8. 一般照明的总电源是由主变电站的低压柜两段母线上各馈出的一路电源。
（　　）

9. 车站环控电控柜通常安装在车控室内，包括开关柜、控制柜和继电器柜，提供环控电控室直接供配电设备所需的电源，实现环控设备的远程控制。（　　）

10. 火灾是指在时间和物体上失去控制的燃烧造成的灾害。（　　）

11. 防火阀是指安装在通风空调系统的送回风管路上，平时呈关闭状态，火灾时当管道内气体温度达到设定温度时开启，在一定时间内能满足耐火稳定性和耐火完整性要求，起阻火作用的阀门。（　　）

12. FAS 主机能够综合处理各种数据信息，做出火警判断，发出声光报警，启动相关消防设备动作（如气体灭火系统、水喷淋灭火系统）并监视其状态。（　　）

13. CV98 瓶头阀是密封封盖的，可以拆卸，同时具有指示药剂容量、药剂释放控制及连接相关部件的作用。（　　）

14. 车站工作人员接到报警后，应立即携带对讲机、插孔电话等通信工具，迅速到达报警现场进行确认。（　　）

15. 控制系统的外部结构主要有输入量和输出量，其中输入量是外界对系统作用的信号。（　　）

16. 只有一个输入量和一个输出量的系统是单变量控制系统。（　　）

17. 机电设备监控系统是将城市轨道交通沿线车站及区间的环控、低压、照明、给水排水、屏蔽门等设备，以集中监控和科学管理为目的而构成的综合自动化系统。
（　　）

3. BAS 车站级一般设于车控室，负责监控车站环控、给水排水、自动扶梯、低压照明、屏蔽门等设备的状态和运行。（　　）

地铁环控系统主要由隧道通风系统、车站空调通风系统、空调制冷循环水系统风系统等组成。（　　）

站的站厅、站台公共区空调通风系统简称为车站空调通风小系统。（　　）

新风机是地铁车站中央空调的通风设备，其作用是在空调季节向站厅、站
。（　　）

控制柜电源电压在 360～400 V 内，三相平衡是冷水机组系统设备正
（　　）

外径与内径的平均值，有公制和英制两种计量单位。（　　）

力，它的方向总是垂直于接触面。（　　）

25. 压力表是以弹性器件为敏感元件测量环境压力的仪表，常用单位为 MPa（兆帕）。（　）

26. 排水管道将车站内的废水、结构漏水汇集到集水池，经潜水泵提升到压力井消能后排入城市污水网管。（　）

27. 电梯的额定载重是指设计规定的电梯载重量。（　）

28. 自动扶梯是带有循环运动梯路向上或向下倾斜输送乘客的固定电路设备。（　）

29. “保证设备处于正常运行状态，实现系统设计功能”是电梯系统运行管理的任务之一。（　）

30. 如发现自动扶梯上发生跌倒的情况，应先通知乘客再按下紧急停止按钮。（　）

31. 应急门是列车进站不能准确停靠时的紧急疏散通道。（　）

32. 滑动门的英文全称是 Automatic Screen Door，其作用是正常上下乘客。（　）

33. 屏蔽门监视器是用于监视屏蔽门状态及诊断屏蔽门故障状态的设备。（　）

34. 屏蔽门系统运行管理的内容包括运营前巡视检查、故障应急处理、巡视作业和设备运行管理。（　）

35. 当控制系统电源不能供电，或个别屏蔽门单元发生故障，或其他紧急需要时，可由站台人员或乘客对屏蔽门进行手动操作。（　）

得　分	
评分人	

二、单项选择题（第 1 题 ~ 第 65 题。选择一个正确的答案，将相应的字母填入题内的括号中。每题 1 分，满分 65 分）

1. 在城市的中心区域由于受到诸多限制，城市轨道交通线路只能采用（　）。

A. 地面线路　　B. 地下线路

C. 高架线路　　D. 以上答案都正确

2. 城市轨道交通高架线路普遍采用（　）道床。

A. 碎石　　B. 混凝土　　C. 整体　　D. 混凝土整体

3. 为了保证供电的可靠性，城市轨道交通变电站供电系统一般由（　）路独立的电源供电。

A. 一　　B. 二　　C. 三　　D. 四

4. 城市轨道交通（　　）的作用是可以根据设定的列车运行时刻表，自动、安全地指挥列车按列车运行图运行。

A. 通信系统　　B. 供电系统　　C. 信号系统　　D. 调度系统

5. ATP 的中文名称是（　　）

A. 列车自动控制　　B. 列车自动防护

C. 列车自动运行　　D. 列车自动监控

6. 通信系统允许运营、管理及维修人员或其他系统设备通过传输诸如语音、数据、图像等电信号在一定的距离进行（　　）。

A. 通信　　B. 传输　　C. 传导　　D. 通号

7. 城市轨道交通车辆一般采用动拖混编运行，以下关于动拖混编运行特点的描述正确的是（　　）。

A. 起动加速度大

B. 制动减速度大

C. 不能满足客运量及行车间隔的要求

D. 可以显著节省投资和维修费用

8. 下列（　　）不属于燃烧要素。

A. 可燃物　　B. 助燃物　　C. 火柴　　D. 着火源

9. 一般照明的总电源是由主变电站的低压柜（　　）段母线上各馈出的一路电源。

A. 一　　B. 两　　C. 三　　D. 四

10. 事故照明是由车站降压变电站的（　　）供电。

A. 蓄电池　　B. 直流屏

C. 蓄电池和直流屏　　D. 以上答案都不正确

11. 广告照明电源是由（　　）配出的。

A. 照明配电室　　B. 降压变电站

C. 牵引变电站　　D. 主变电站

12. 照明配电室设有照明配电箱，可在室内集中控制相应场所的（　　）。

A. 一般照明　　B. 事故照明

C. 广告照明　　D. 以上答案都正确

13. 根据车站用电设备的重要性，车站用电负荷被分成了（　　）类。

A. 1　　B. 2　　C. 3　　D. 4

14. 照明配电箱/控制盘用于控制相应场所的一般照明和（　　）。

A. 节电照明　　B. 事故照明　　C. 广告照明　　D. 以上都是

15. 低压配电和照明系统运行管理的内容不包括（　　）。

A. 计划维修作业　　B. 巡视作业

C. 日常维修作业　　D. 备品备件检查

16. 在巡视隧道时，应按规定办理（　　）。

A. 路票　　B. 通行证　　C. 工作票　　D. 巡视票

17. 燃烧的必要条件不包括以下（　　）。

A. 温度　　B. 氧化剂　　C. 催化剂　　D. 可燃物

18. FAS 是（　　）的简称。

A. 消防报警系统　　B. 机电设备监控系统

C. 给水排水系统　　D. 低压配电系统

19. 下列选项中，（　　）不是 FAS 主机的作用。

A. 数据处理　　B. 火警判断

C. 发出声光报警　　D. 控制气体灭火系统的喷放

20. 下列选项中，关于 CPU 卡描述正确的是（　　）。

A. 负责与内部各功能模块卡之间的通信

B. 接收并处理各功能模块发出的信息

C. 将处理结果或指令下达到各功能模块

D. 以上答案都正确

21. 电源模块和蓄电池能提供消防控制用（　　）电源。

A. AC 24 V　　B. DC 24 V　　C. AC 6 V　　D. DC 36 V

22. FAS 主机显示面板和操作面板的作用是（　　）。

A. 发出声光报警　　B. 显示报警信息

C. 数据的查询　　D. 以上都不正确

23. FAS 主机中的消防电话主机提供（　　）总线，响应现场电话的通话要求。

A. 音频　　B. 数据　　C. 消防电话　　D. 通信

24. 下列选项中属于 FAS 车站级图形命令中心（GCC）的报警信息分类的是（　　）。

A. 火警报警信息

B. 火警报警信息和故障报警信息

C. 火警报警信息、故障报警信息和反馈报警信息

D. 火警报警信息、故障报警信息、反馈报警信息和操作界面报警信息

25. 在控制系统中向外界传送的信号被称为（　　）。

A. 输入量　　B. 输出量

C. 输入量和输出量　　D. 输入量、输出量和扰动量

26. 只有（　　）输入量和（　　）输出量的系统是单变量控制系统。

A. 一个，多个　　B. 多个，一个　　C. 一个，一个　　D. 多个，多个

27. 控制系统的内部结构就控制方式而言主要有（　　）。

A. 开环控制系统　　B. 闭环控制系统

C. 复合控制系统　　D. 以上答案都正确

28. 下列关于开环控制系统描述错误的是（　　）。

A. 开环控制系统的输出量不对系统的控制产生任何影响

B. 开环控制系统由控制器和被控对象组成

C. 开环控制系统的输入端通过输入信号控制被控对象

D. 控制装置与被控对象之间存在顺向作用，无反向联系

29. 下列关于闭环控制系统描述错误的是（　　）。

A. 对输出量进行检测

B. 对输出量进行反馈

C. 输出与输入之间存在反馈

D. 控制系统的输出量不对系统的控制产生任何影响

30. 反馈的信号通常是输出信号的（　　）。

A. 全部　　B. 一部分

C. 全部或一部分　　D. 以上答案都不正确

31. 反馈信号与输入信号（　　）的，称为负反馈。

A. 相加　　B. 相减　　C. 相乘　　D. 相除

32. 反馈信号与输入信号（　　）的，称为正反馈。

A. 相加　　B. 相减　　C. 相乘　　D. 相除

33. 复合控制是将（　　）结合起来的控制系统。

A. 开环控制和反馈控制

B. 开环的按偏差控制与闭环的补偿控制

C. 开环的补偿控制与闭环的按偏差控制

D. 闭环控制和反馈控制

34. 地下车站环控系统可分为屏蔽门系统和（　　）。

A. 开式系统　　B. 闭式系统　　C. 非屏蔽门系统　　D. 活塞风系统

35. 列车正常运行时，环控系统的主要作用是（　　）。

A. 防灾

B. 排烟

C. 排热

D. 保证地铁内部空气质量达标

36. 车站管理用房和设备用房空调通风系统（兼排烟）以及主变、牵引变通风与空调系统又称为（　　）。

A. 空调通风大系统

B. 空调通风小系统

C. 公共区空调通风系统

D. 管理用房设备用房空调通风系统

37. 在空调机组的（　　）通常设置滤网，起到除尘的作用。

A. 进风段　　B. 过滤段　　C. 表冷锻　　D. 消声段

38. 在地铁车站的（　　）设有（　　）台事故风机，负责地铁区间隧道的通风。

A. 上行方向，一　　B. 下行方向，一

C. 一侧站台，两　　D. 两侧站台，两

39. 回排风机的作用是在空调季节，从（　　）排走空气，一部分送回空调机组，与空调新风混合后，经表冷器冷却后被重新送回，另一部分被排至地面。

A. 站厅和站台　　B. 站台和区间隧道

C. 区间隧道　　D. 站厅、站台和区间隧道

40. 下列属于风阀的是（　　）。

A. 蝶阀　　B. 多叶调节阀

C. 矩形分支管风量调节阀　　D. 以上答案都正确

41. 下列各种情况中（　　）不是冷水机组系统设备正常运行要求。

A. 设备各部分完好，无损伤变形

B. 冷却塔电源正常，冷却水温高于 38℃

C. 开机后压缩机表面温度在额定的范围

D. 补水箱、膨胀水箱水位合适

42. 蝶阀又被称为（　　），是一种结构简单的调节阀，可用于低压管道介质的开关控制。

A. 翻板阀　　B. 折板阀　　C. 翻转阀　　D. 控压阀

43. 电动蝶阀一般由（　　）组成，可接收并执行远程监控系统发出的控制指令。

A. 电动执行机构　　B. 蝶阀

C. 电动执行机构和蝶阀　　D. 以上都不正确

44. 止回阀属于（　　）。

A. 电力驱动阀　　B. 自动阀

C. 手动阀　　D. 动力驱动阀

45. Y 形过滤器是一种过滤装置，通常安装在阀门及设备的（　　），用来清除介质中的杂质，以保护阀门及设备的正常使用。

A. 进口端　　B. 中间

C. 出口端　　D. 以上答案都正确

46. 水泵是利用动力机把（　　）传给水体并使其排出的装置。

A. 机械能　　B. 电能

C. 动能　　D. 以上答案都正确

47. 消防栓是一种（　　）工具，可以通过直接连接水带、水枪出水灭火。

A. 固定消防　　B. 移动消防

C. 自助式　　D. 以上答案都不正确

48. 轨道交通的车站给水排水系统是由排水系统和（　　）组成的。

A. 给水系统　　B. 抽水系统　　C. 防水系统　　D. 集水系统

49.（　　）不是城市轨道交通生产、生活给水系统的组成部分。

A. 水塔　　B. 阀门　　C. 水源　　D. 防火阀

50. 消防给水系统通过设置两台消防泵来保证消防（　　）的要求。

A. 水流　　B. 水压　　C. 水质　　D. 水流和水压

51. 电梯的额定载重就是其（　　）荷载。

A. 一般　　B. 标准　　C. 普通　　D. 最大

52. 对于客梯，（　　）一般安装有负载称重装置。

A. 轿厢架　　B. 轿底　　C. 轿箱顶　　D. 轿厢壁

53. 客梯的产品品种代号是（　　）。

A. K　　B. H　　C. L　　D. B

54. 车站内为满足残疾人等特殊人群的需要设置了（　　）。

A. 观光梯　　B. 病床梯　　C. 货梯　　D. 残疾人液压梯

55. 自动扶梯按驱动装置不同可分为（　　）。

A. 顶部驱动自动扶梯　　B. 底部驱动自动扶梯

C. 中间驱动自动扶梯　　D. 以上答案都不正确

56. 站台操作盘的英文简称为（　　）。

A. PEDC　　B. PED　　C. PSL　　D. PSD

57. 屏蔽门监视器的英文简称为（　　）。

A. PEDC　　B. PSA　　C. PSL　　D. PSD

58. 屏蔽门系统控制模式中的系统级模式属于（　　）模式。

A. 正常模式　　B. 非正常模式　　C. 人工模式　　D. 紧急模式

59. 屏蔽门系统人工操作模式是通过工作人员使用（　　）进行操作的。

A. 计算机　　B. 电话

C. 专用钥匙　　D. 控制面板

60. 在屏蔽门系统控制模式中优先级高于火灾控制模式的是（　　）。

A. 人工操作模式　　B. 站台级控制模式

C. 系统级控制模式　　D. 以上答案都不正确

61. 在轨道侧可以通过推动（　　）打开屏蔽门的端门。

A. 推杆锁　　B. 紧急开关　　C. 紧急阀门　　D. 插销

62. 屏蔽门系统运行管理的任务是保证（　　）处于安全受控状态。

A. 乘客　　B. 地铁工作人员

C. 屏蔽门系统设备　　D. 车辆

63. 屏蔽门系统运行管理的内容包括（　　）。

A. 运营前巡视检查　　B. 故障应急处理

C. 设备运行管理　　D. 以上都是

64. 屏蔽门 PSA 使用规定中规定：PSA 除了（　　）以外未经许可不得进行操作。

A. 乘客　　B. 保养维修人员

C. 外包人员　　D. 站长

65. 手动操作打开屏蔽门后，如门单元正常且 DCU 能正常工作，则在（　　）s 后自动关闭活动门。

A. 10　　B. 15　　C. 20　　D. 30

智能楼宇管理师（城轨车站）（四级）理论知识试卷答案

一、判断题（第1题～第35题。将判断结果填入括号中，正确的填"√"，错误的填"×"。每题1分，满分35分）

1. √　2. √　3. ×　4. √　5. ×　6. √　7. √　8. √　9. ×
10. √　11. ×　12. ×　13. ×　14. √　15. √　16. √　17. ×
18. √　19. √　20. ×　21. √　22. √　23. √　24. √　25. √
26. √　27. √　28. √　29. ×　30. ×　31. √　32. ×　33. √
34. ×　35. √

二、单项选择题（第1题～第65题。选择一个正确的答案，将相应的字母填入题内的括号中。每题1分，满分65分）

1. B　2. D　3. B　4. C　5. B　6. A　7. D　8. C　9. B　10. B
11. A　12. D　13. C　14. D　15. D　16. C　17. C　18. A　19. D
20. D　21. B　22. D　23. C　24. C　25. B　26. C　27. D　28. D
29. D　30. C　31. B　32. A　33. C　34. C　35. D　36. B　37. B
38. C　39. A　40. D　41. B　42. A　43. C　44. B　45. A　46. A
47. A　48. A　49. D　50. D　51. D　52. B　53. A　54. D　55. D
56. C　57. B　58. A　59. C　60. A　61. A　62. C　63. D　64. B
65. B

操作技能考核模拟试卷

注 意 事 项

1. 考生根据操作技能考核通知单中所列的试题做好考核准备。

2. 请考生仔细阅读试题单中具体考核内容和要求，并按要求完成操作、进行笔答或口答，若有笔答请考生在答题卷上完成。

3. 操作技能考核时要遵守考场纪律，服从考场管理人员指挥，以保证考核安全顺利进行。

注：操作技能鉴定试题评分表及答案是考评员对考生考核过程及考核结果的评分记录表，也是评分依据。

国家职业资格鉴定
智能楼宇管理师（城轨车站）（四级）操作技能考核通知单

姓名：

准考证号：

考核日期：

试题 1

试题代码：1. 1. 1。

试题名称：单相电动机的检测。

考核时间：20 min。

配分：15 分。

试题 2

试题代码：2. 1. 1。

试题名称：消防报警探测器的操作。

考核时间：20 min。

配分：30 分。

试题3

试题代码：3. 1. 1。

试题名称：公共区域通风系统的操作。

考核时间：20 min。

配分：20 分。

试题4

试题代码：4. 1. 1。

试题名称：出入口废水泵的操作。

考核时间：20 min。

配分：20 分。

试题5

试题代码：5. 1. 1。

试题名称：自动扶梯的操作。

考核时间：20 min。

配分：15 分。

智能楼宇管理师（城轨车站）（四级）
操作技能鉴定试题单

试题代码：1.1.1。

试题名称：单相电动机的检测。

考核时间：20 min。

1. 操作条件

（1）单相电动机。

（2）电动工具。

2. 操作内容

选择合适的测试仪表检测单相电动机的绝缘及绕组。

3. 操作要求

（1）测试仪表使用符合要求。

（2）测试结果符合要求。

（3）测试读出的绝缘数值符合要求。

（4）考试人员按规定着装，违反作业安全规定、不文明操作或对他人造成伤害者取消考试资格。

智能楼宇管理师（城轨车站）（四级）
操作技能鉴定试题评分表及答案

考生姓名：　　　　　　　　　　准考证号：

1. 试题评分表

<table>
<tr><td colspan="2">试题代码及名称</td><td colspan="3">1.1.1 单相电动机的检测</td><td colspan="4">考核时间</td><td>20 min</td></tr>
<tr><td colspan="2" rowspan="2">评价要素</td><td rowspan="2">配分</td><td rowspan="2">等级</td><td rowspan="2">评分细则</td><td colspan="4">评定等级</td><td rowspan="2">得分</td></tr>
<tr><td>A</td><td>B</td><td>C</td><td>D</td></tr>
<tr><td rowspan="4">1</td><td rowspan="4">测试仪器
使用</td><td rowspan="4">5</td><td>A</td><td>测试仪器使用符合规范</td><td rowspan="4"></td><td rowspan="4"></td><td rowspan="4"></td><td rowspan="4"></td><td rowspan="4"></td></tr>
<tr><td>B</td><td>错一处</td></tr>
<tr><td>C</td><td>错两处</td></tr>
<tr><td>D</td><td>错三处或以上</td></tr>
<tr><td rowspan="4">2</td><td rowspan="4">绝缘电阻
测试结果</td><td rowspan="4">5</td><td>A</td><td>绝缘电阻测试结果符合要求</td><td rowspan="4"></td><td rowspan="4"></td><td rowspan="4"></td><td rowspan="4"></td><td rowspan="4"></td></tr>
<tr><td>B</td><td>—</td></tr>
<tr><td>C</td><td>—</td></tr>
<tr><td>D</td><td>绝缘电阻测试结果不符合要求</td></tr>
<tr><td rowspan="4">3</td><td rowspan="4">绕组
测试结果</td><td rowspan="4">5</td><td>A</td><td>绕组测试结果符合要求</td><td rowspan="4"></td><td rowspan="4"></td><td rowspan="4"></td><td rowspan="4"></td><td rowspan="4"></td></tr>
<tr><td>B</td><td>—</td></tr>
<tr><td>C</td><td>—</td></tr>
<tr><td>D</td><td>绕组测试结果不符合要求</td></tr>
<tr><td colspan="2">合计配分</td><td>15</td><td colspan="6">合计得分</td><td></td></tr>
</table>

考评员（签名）：

等级	A（优）	B（良）	C（合格）	D（差或缺考）
比值	1.0	0.8	0.6	0

“评价要素”得分＝配分×等级比值

2. 参考答案

（1）正确使用兆欧表。使用兆欧表时手不能接触测量线；摇速 120 r/min 左右。

（2）正确检查兆欧表。测量前，应将兆欧表保持水平位置，左手按住表身，右手摇动兆欧表摇柄，转速约为 120 r/min，指针应指向无穷大（∞），否则说明兆欧表有故障。

（3）正确连接兆欧表与电动机。兆欧表共有 3 个接线端（L、E、G），测量回路的绝缘电阻时，回路的首端与尾端分别与 L、E 连接。测量三相电机相与相的绝缘以及相与地的绝缘并读出数值。

智能楼宇管理师（城轨车站）（四级）操作技能鉴定试题单

试题代码：2. 1. 1。

试题名称：消防报警探测器的操作。

考核时间：20 min。

1. 操作条件

各类火灾报警系统探测器（包括烟感、温感及底座）。

2. 操作内容

（1）从探测器中分别选出可供 Simplex 和 EST3 火灾报警系统使用的探测器并说明探测器的类型。

（2）将 Simplex 探测器装上底座，读出底座上的地址。

3. 操作要求

（1）能够正确识别供 Simplex 和 EST3 火灾报警系统使用的探测器。

（2）能够通过识别探测器的外观，辨别探测器的类型。

（3）能够将探测器与底座正确安装并读出地址，同时说明指示灯的显示状态。

（4）考试人员按规定着装，违反作业安全规定、不文明操作或对他人造成伤害者取消考试资格。

智能楼宇管理师（城轨车站）（四级）操作技能鉴定试题评分表及答案

考生姓名：　　　　　　　　准考证号：

1. 试题评分表

<table>
<tr><td colspan="2">试题代码及名称</td><td colspan="3">2.1.1 消防报警探测器的操作</td><td colspan="4">考核时间</td><td>20 min</td></tr>
<tr><td colspan="2" rowspan="2">评价要素</td><td rowspan="2">配分</td><td rowspan="2">等级</td><td rowspan="2">评分细则</td><td colspan="4">评定等级</td><td rowspan="2">得分</td></tr>
<tr><td>A</td><td>B</td><td>C</td><td>D</td></tr>
<tr><td rowspan="4">1</td><td rowspan="4">选出可供 Simplex 使用的探测器</td><td rowspan="4">5</td><td>A</td><td>正确选出可供 Simplex 使用的探测器（量化）</td><td rowspan="4"></td><td rowspan="4"></td><td rowspan="4"></td><td rowspan="4"></td><td rowspan="4"></td></tr>
<tr><td>B</td><td>错一项</td></tr>
<tr><td>C</td><td>错两项</td></tr>
<tr><td>D</td><td>错两项以上</td></tr>
<tr><td rowspan="4">2</td><td rowspan="4">正确选出可供 EST3 使用的探测器</td><td rowspan="4">5</td><td>A</td><td>能正确选出可供 EST3 使用的探测器并能说出该探测器的类型</td><td rowspan="4"></td><td rowspan="4"></td><td rowspan="4"></td><td rowspan="4"></td><td rowspan="4"></td></tr>
<tr><td>B</td><td>错一项</td></tr>
<tr><td>C</td><td>错两项</td></tr>
<tr><td>D</td><td>错三项或以上</td></tr>
<tr><td rowspan="4">3</td><td rowspan="4">探测器与底座正确安装并能够读出底座上的地址码，说明指示灯显示的状态</td><td rowspan="4">15</td><td>A</td><td>正确安装探测器并能说出地址以及指示灯的显示状态</td><td rowspan="4"></td><td rowspan="4"></td><td rowspan="4"></td><td rowspan="4"></td><td rowspan="4"></td></tr>
<tr><td>B</td><td>错一项</td></tr>
<tr><td>C</td><td>错两项</td></tr>
<tr><td>D</td><td>错三项或以上</td></tr>
<tr><td rowspan="4">4</td><td rowspan="4">文明安全规范操作</td><td rowspan="4">5</td><td>A</td><td>按规定着装，遵守作业安全规定</td><td rowspan="4"></td><td rowspan="4"></td><td rowspan="4"></td><td rowspan="4"></td><td rowspan="4"></td></tr>
<tr><td>B</td><td>—</td></tr>
<tr><td>C</td><td>—</td></tr>
<tr><td>D</td><td>不符合要求</td></tr>
<tr><td colspan="2">合计配分</td><td>30</td><td colspan="6">合计得分</td><td></td></tr>
</table>

考评员（签名）：

等级	A（优）	B（良）	C（合格）	D（差或缺考）
比值	1.0	0.8	0.6	0

“评价要素”得分 = 配分 × 等级比值

2. 参考答案

（1）正确选出可供 Simplex、EST3 使用的探测器。通过探测器指示灯的数量可以对探测器进行区分，Simplex 探测器一般只有 1 只指示灯，EST3 探测器通常有 2 只指示灯。

此外，Simplex 探测器有普通型和智能型的区分，EST3 探测器只有智能型。普通型温感、烟感探测器识读特点：指示灯安装在探测器上。智能型温感、烟感探测器识读特点：指示灯安装在底座上。

（2）探测器底座地址码。探测器底座地址为 8 位 2 进制编码，根据地址码拨位开关下面的数字及开关状态的组合对探测器进行地址编码，其中“0”代表最低位，“7”代表最高位。

（3）指示灯状态。Simplex 探测器指示灯状态：红色 LED 闪亮代表正常，红色 LED 常亮代表火警）。EST3 探测器指示灯状态：绿色 LED 闪亮代表正常，红色 LED 闪亮代表火警。

智能楼宇管理师（城轨车站）（四级）操作技能鉴定试题单

试题代码：3. 1. 1。

试题名称：公共区域通风系统的操作。

考核时间：20 min。

1. 操作条件

BAS 仿真平台。

2. 操作内容

（1）根据 BAS 仿真平台上显示的模拟图辨识设备。

（2）公共区域通风系统的送/排风气流组织。

（3）公共区域火灾情况下工况的切换。

3. 操作要求

（1）通风系统设备识别符合要求。

（2）通风系统送/排风气流组织描述符合要求。

（3）工况切换符合要求。

（4）考试人员按规定着装，违反作业安全规定、不文明操作或对他人造成伤害者取消考试资格。

智能楼宇管理师（城轨车站）（四级）操作技能鉴定试题评分表及答案

考生姓名：　　　　　　　　　　　　准考证号：

1. 试题评分表

试题代码及名称		3.1.1 公共区域通风系统的操作			考核时间				20 min
评价要素		配分	等级	评分细则	评定等级				得分
					A	B	C	D	
1	设备识读	5	A	设备识读符合要求					
			B	错一项					
			C	错两项					
			D	错三项以上					
2	气流组织	5	A	气流组织描述符合要求					
			B	错一项					
			C	错两项					
			D	错三项或以上					
3	工况切换	5	A	工况切换符合规范					
			B	—					
			C	—					
			D	工况切换不符合规范					
4	文明安全规范操作	5	A	按规定着装，遵守作业安全规定					
			B	—					
			C	—					
			D	不符合要求					
合计配分		20	合计得分						

考评员（签名）：

等级	A（优）	B（良）	C（合格）	D（差或缺考）
比值	1.0	0.8	0.6	0

“评价要素”得分 = 配分 × 等级比值

2. 参考答案

（1）通风系统主要设备。新风井、新/回风室及风机、组合式空调箱、风阀及防火阀、回排风机、回排风室、排风井。

（2）通风系统送风气流组织。新风井→新风机→组合式空调机组→风阀（防火阀）→风管→风口。

（3）通风系统排风气流组织。回/排风口→风管→回/排风机→回/排风室→排风井。

（4）工况切换。通过 BAS 切换工况，并确认设备状态与工况表上预设的是否一致。

智能楼宇管理师（城轨车站）（四级）
操作技能鉴定试题单

试题代码：4. 1. 1。

试题名称：出入口废水泵的操作。

考核时间：20 min。

1. 操作条件

（1）车站机电设备监控系统（BAS）。

（2）出入口废水泵。

2. 操作内容

操作出入口废水泵。

3. 操作要求

（1）液位识读符合要求。

（2）废水泵操作符合要求。

（3）用两种方式控制废水泵。

（4）考试人员按规定着装，违反作业安全规定、不文明操作或对他人造成伤害者取消考试资格。

智能楼宇管理师（城轨车站）（四级）操作技能鉴定试题评分表及答案

考生姓名：　　　　　　　　　　准考证号：

1. 试题评分表

试题代码及名称		4.1.1 出入口废水泵的操作			考核时间				20 min
评价要素		配分	等级	评分细则	评定等级				得分
					A	B	C	D	
1	设备识读	5	A	设备识读符合要求					
			B	错一处					
			C	错两处					
			D	错三处或以上					
2	液位识读	5	A	液位识读符合要求					
			B	错一处					
			C	错两处					
			D	错三处或以上					
3	水泵控制（远程）	5	A	水泵控制（远程）符合要求					
			B	错一处					
			C	错两处					
			D	错三处或以上					
4	水泵控制（就地）	5	A	水泵控制（就地）符合要求					
			B	错一处					
			C	错两处					
			D	错三处或以上					
合计配分		20	合计得分						

考评员（签名）：

等级	A（优）	B（良）	C（合格）	D（差或缺考）
比值	1.0	0.8	0.6	0

“评价要素”得分＝配分×等级比值

2. 参考答案

（1）正确识别水泵及其作用。能根据考场的废水泵房内实物，正确识别废水泵并说出水泵的类型（潜水泵或其他类型的水泵）和作用（当集水池中的废水达到一定容量后自动启动水泵并将废水提升后排入市政废水管道）。

（2）正确识别阀门及其作用。能根据考场的废水泵房内各类阀门实物，正确识别阀门（明杆式闸阀还是暗杆式闸阀，蝶阀还是截止阀，止回阀等阀门名称）和作用（如闸阀、蝶阀、截止阀是截断水流和调节流量，止回阀是水流仅限单向流通等各阀门功能）。

（3）正确识读压力表显示的压力大小。

智能楼宇管理师（城轨车站）（四级）操作技能鉴定试题单

试题代码：5. 1. 1。

试题名称：自动扶梯的操作。

考核时间：20 min。

1. 操作条件

车站自动扶梯。

2. 操作内容

请根据提供的自动扶梯找到紧急停止按钮，并正确操作紧急停止按钮并调整运行方向。

3. 操作要求

（1）自动扶梯主要设备识读符合要求。

（2）自动扶梯操作符合要求。

（3）考试人员按规定着装，违反作业安全规定、不文明操作或对他人造成伤害者取消考试资格。

智能楼宇管理师（城轨车站）（四级）操作技能鉴定试题评分表及答案

考生姓名：　　　　　　　　　　准考证号：

1. 试题评分表

试题代码及名称		5.1.1 自动扶梯的操作		考核时间				20 min
评价要素		配分	等级	评分细则	评定等级			得分
					A	B	C	D	
1	自动扶梯主要设备识读	5	A	主要设备识读符合要求					
			B	错一处					
			C	错两处					
			D	错三处或以上					
2	识读与操作紧急停止按钮	5	A	识读与操作紧急停止按钮符合要求					
			B	错一处					
			C	错两处					
			D	错三处或以上					
3	操作自动扶梯	5	A	自动扶梯操作符合规范					
			B	错一处					
			C	错两处					
			D	错三处或以上					
合计配分		15	合计得分						

考评员（签名）：

等级	A（优）	B（良）	C（合格）	D（差或缺考）
比值	1.0	0.8	0.6	0

“评价要素”得分＝配分×等级比值

2. 参考答案

（1）正确识别和操作紧急停止按钮。紧急停止按钮通常位于电梯的上部或下部，如果电梯长度过长，通常也会在电梯中部设置紧急停止按钮。按下上部、中部或下部任一处按钮，电梯将停止运行。

（2）正确识别和操作电梯运行方向切换开关。电梯运行方向切换开关通常位于电梯的上部或下部，目前地铁使用的电梯运行方向切换开关有两类，一类通过直接插入钥匙向左或向右旋转即可切换运行方向；另一类通过钥匙打开电梯运行控制面板上盖板后操作相关按钮进行运行方向的切换。

（3）注意：电梯正常载客的运行过程中，严禁进行电梯运行方向的切换操作。